“十三五”普通高等教育实验实训规划教材

土力学实验指导书

主编　朱秀清

中国水利水电出版社
www.waterpub.com.cn
·北京·

内 容 提 要

本书介绍了土工试验常用的试验方法、试验原理、试验仪器设备、试验操作步骤、试验数据记录与处理等。全书内容共6章，主要内容包括：土的颗粒分析试验；土的物理性质指标试验；土的物理状态指标试验；土的力学性质指标试验；创新与探索性试验；土样制备和饱和。主要章节试验后附有思考题及试验注意事项，用于读者对相关内容的理解与思考。

本书可作为普通高等学校水利水电工程专业、农业水土工程专业、水文与水资源工程专业、水利工程管理专业等专业的试验教学用书，也可为土工实验人员及从事相关专业的工程技术人员提供参考。

图书在版编目（CIP）数据

土力学实验指导书 / 朱秀清主编. -- 北京 : 中国水利水电出版社, 2017.10(2022.5重印)
"十三五"普通高等教育实验实训规划教材
ISBN 978-7-5170-6009-3

Ⅰ. ①土… Ⅱ. ①朱… Ⅲ. ①土力学一实验一高等学校一教材 Ⅳ. ①TU43-33

中国版本图书馆CIP数据核字(2017)第267305号

	"十三五"普通高等教育实验实训规划教材
书　名	**土力学实验指导书** TULIXUE SHIYAN ZHIDAO SHU
作　者	主编　朱秀清
出版发行	中国水利水电出版社 （北京市海淀区玉渊潭南路1号D座　100038） 网址：www.waterpub.com.cn E-mail：sales@mwr.gov.cn 电话：（010）68545888（营销中心）
经　售	北京科水图书销售有限公司 电话：（010）68545874、63202643 全国各地新华书店和相关出版物销售网点
排　版	中国水利水电出版社微机排版中心
印　刷	清淞永业（天津）印刷有限公司
规　格	184mm×260mm　16开本　6印张　142千字
版　次	2017年10月第1版　2022年5月第2次印刷
印　数	3001—5000册
定　价	**22.00**元

凡购买我社图书，如有缺页、倒页、脱页的，本社营销中心负责调换

前言

《土力学实验指导书》是普通高等学校本科水利工程、土木工程等工程类专业的土力学实验教学用书。土力学是建筑工程类专业的一门重要的专业基础课，而土工试验是该课程的重要的实践环节之一。通过试验学生可以巩固、验证、丰富相关的土力学基础知识；也可以熟悉仪器设备的性能、操作、掌握必要的试验技术，获取工程设计必需的基本参数；还可以培养工程意识、协作精神以及综合应用所学专业知识解决实际问题的能力。

为了能够充分满足开展各类型土力学试验项目的需要，本书每个试验项目内容介绍尽可能详细，包括基本概念、试验方法、实验原理、试验操作步骤、实验数据记录与处理、试验可能产生误差的原因分析及注意事项等，内容实用、易懂，从而使读者能够参照相关内容顺利完成试验。

本书根据2014年工程教育认证标准对实验课程的要求，并参照国家及相关行业关于土工试验的规范和规程规定等，把实验类型分为：认知性实验、验证性实验、综合性实验以及设计性实验等。全书共有6章，第1章为土的颗粒分析试验，包括筛析法和水分法等；第2章为土的物理性质指标试验，包括容重与密度试验、含水率（量）试验、比重试验等；第3章为土的物理状态指标试验，包括黏性土界限含水率（量）试验、砂土相对密度试验等；第4章为土的力学性质指标试验，包括渗透试验、固结（压缩）试验、直接剪切试验、击实试验等；第5章为创新与探索性试验，包括三轴压缩试验、无侧限抗压强度试验、无黏性土休止角试验等；第6章为土样制备和饱和，包括土样制备和饱和常用仪器设备、试样的制备等。

本书涉及的试验项目较多，读者可以根据专业需求及实验教学课时数、大学生创新创业计划项目实验、实际工程项目课题试验等情况选择实施，培养学生基于科学原理并采用科学方法对复杂工程问题进行研究，包括设计实验、分析与解释数据，并通过相关信息综合得到合理有效的结论的能力。

本书由天津农学院王仰仁教授、中交天津港湾工程研究院有限公司叶国良高工审阅。

本书在编写过程中引用了许多行业学者、专家在教学、试验、科研中积累的资料，并参考了有关规范规程及高等院校编著的教材的有关内容，在此表示由衷的感谢。由于作者水平有限，书中可能存在错误和不妥之处，敬请读者批评指正。

编　者

2017 年 6 月

目　录

第1章　土的颗粒分析试验

1.1　概　　述

颗粒分析试验是测定干土中各种粒组所占该土总质量的百分数的方法，借以明了颗粒大小分布情况，供土的分类及概略判断土的工程性质及选料之用。如在施工现场所进的砂、碎石等施工建筑材料，都必须按规定取样送到实验室进行颗粒分析试验等。

1.1.1　试验目的

土是由各种大小和形状不同的颗粒所组成的，根据颗粒大小将土划分为若干组，称为颗粒粒组。所谓颗粒组成即颗粒级配，就是土中各种粒径范围的粒组在土中的相对比例，通常用占总土质量的百分数来表示。土的粒组组成在一定程度上反映了土的性质。工程上常依据粒组组成对土进行分类，粗粒土主要是依据粒组组成进行分类；细粒土由于矿物成分、颗粒形状及胶体含量等因素，则不能单以粒组组成进行分类，而要借助于塑性图或塑性指数进行分类。颗粒分析试验是测定土中各粒组所占该土总质量的百分数的方法，因此可以了解颗粒大小分布情况，供土的分类及概略判断土的工程性质，也用于进场建筑材料的选料依据。

1.1.2　试验方法

颗粒分析试验的方法主要有两大类：①机械分析法，如筛析法；②物理分析法，如水分法（包括密度计法、移液管法等）。

（1）筛析法：适用于分析粒径大于 0.075mm 的土样。

（2）水分法：适用于分析粒径小于 0.075mm 的土样，包括密度计法、移液管法等，本章只介绍密度计法。

（3）若试样中大于 0.075mm 粒径及小于 0.075mm 粒径都有，则联合使用筛析法及水分法。

为了建立评价土的统一标准，初步判别土的工程特性和评价土作为建筑物地基或建筑材料的适宜性，因此，水利行业标准 SL 237—1999《土工试验规程》根据土的颗粒大小及分布、土的塑性及液限等都对土进行了工程分类。

1.1.3　土的级配指标

土的级配情况是否良好，常用不均匀系数 C_u 和曲率系数 C_c 来描述，其表达式分别见式（1.1）和式（1.2）。

不均匀系数

$$C_u=\frac{d_{60}}{d_{10}} \tag{1.1}$$

曲率系数

$$C_c=\frac{(d_{30})^2}{d_{60}d_{10}} \tag{1.2}$$

式中　d_{60}、d_{30}、d_{10}——粒径分布曲线上纵坐标为60%、30%、10%时所对应的土粒粒径，d_{10}称为有效粒径，d_{60}称为限制粒径。

不均匀系数C_u反映粒径曲线坡度的陡缓，表明土粒大小的不均匀程度。C_u值愈大，粒径曲线坡度愈缓，表明土粒大小愈不均匀；反之，C_u值愈小，曲线的坡度愈陡，表明土粒大小愈均匀。工程上常把$C_u<5$的土称为匀粒土，而把$C_u\geqslant 5$的土称为非匀粒土。曲率系数C_c反映粒径分布曲线的整体形状、连续性及细粒含量。研究指出：$C_c<1.0$的土往往级配不连续，细粒含量大于30%；$C_c>3$的土也是不连续的，细粒含量小于30%；当土的曲率系数$C_c=1\sim3$时，级配的连续性较好。因此要满足级配良好的要求，除土粒大小不均匀（$C_u\geqslant 5$）外，还要求曲线有较好的连续性，符合曲率系数$C_c=1\sim3$的条件。所以，工程中对粗粒土级配是否良好的判定规定如下：

（1）级配良好的土：能同时满足$C_u\geqslant 5$及$C_c=1\sim3$的条件。土的多数粒径分布曲线主段呈光滑下凹的型式，坡度较缓，土粒大小连续。

（2）级配不良的土：不能同时满足$C_u\geqslant 5$及$C_c=1\sim3$两个条件。土的粒径分布曲线坡度较陡，即土粒大小比较均匀；或土粒虽然不均匀，但其粒径分布曲线不连续，出现水平段，呈台阶状，表明有缺粒段。

1.1.4　巨粒土和粗粒土的工程分类

1.1.4.1　分类的基本原则

（1）以能反映土性的指标作为分类的依据。

（2）能反映土在不同工作条件下的特性。

（3）要有一定的逻辑性，成体系，纲目分明，而且简单易记，便于应用。

1.1.4.2　分类指标的选择依据

对巨粒土、粗粒土，主要以粒径大小及其级配作为分类的依据。

1.1.4.3　不同行业使用的分类方法

1. 水利行业标准SL 237—1999《土工试验规程》分类法

（1）巨粒土系指巨粒粒组质量大于总质量50%的土。巨粒土分为巨粒土、混合巨粒土和巨粒混合土，见表1.1。

表1.1　巨粒土分类表

土类	粒组含量		土代号	土名称
巨粒土	巨粒含量75%～100%	漂石粒含量>50%	B	漂石
		漂石粒含量≤50%	C_b	卵石
混合巨粒土	巨粒含量50%～75%	漂石粒含量>50%	BSI	混合漂石
		漂石粒含量≤50%	C_bSI	混合卵石
巨粒混合土	巨粒含量15%～50%	漂石粒含量>卵石粒含量	SIB	漂石混合土
		漂石粒含量≤卵石粒含量	SIC_b	卵石混合土

(2) 大于0.075mm的颗粒占土样总质量的50%以上的土统称为粗粒土。粗粒土又分为砾类和砂类：粗粒土中的砾组（2～60mm）含量超过50%为砾类；反之，则为砂类，见表1.2。

表1.2　　粗粒土分类表

土类	粒组含量		土代号	土名称
砾	细粒含量<5%	级配：同时满足 $C_u \geqslant 5$，$C_c = 1 \sim 3$	GW	级配良好砾
		级配：不同时满足上述要求	GP	级配不良砾
含细粒土砾	细粒含量5%～15%		GF	含细粒土砾
细粒土质砾	15%<细粒含量≤50%	细粒为粉土	GM	粉土质砾
		细粒为黏土	GC	黏土质砾
砂	细粒含量<5%	级配：同时满足 $C_u \geqslant 5$ 及 $C_c = 1 \sim 3$	SW	级配良好砂
		级配：不同时满足上述要求	SP	级配不良砂
含细粒土砂	细粒含量5%～15%		SF	含细粒土砂
细粒土质砂	15%<细粒含量≤50%	细粒为粉土	SM	粉土质砂
		细粒为黏土	SC	黏土质砂

2. 交通部JTJ 250—98《港口工程地基规范》分类法

JTJ 250—98《港口工程地基规范》参照建设部土的分类法将土分为碎石土、砂土、粉土、黏性土和填土5大类。本节只介绍砂土及粉土的详细分类。

(1) 砂土。粒径大于2mm的颗粒含量不超过总质量的50%，粒径大于0.075mm的颗粒含量超过总质量的50%。根据颗粒级配按表1.3定名。

表1.3　　砂土分类表

土的名称	粒组含量	土的名称	粒组含量
砾砂	粒径大于2mm的颗粒占总质量的25%～50%	细砂	粒径大于0.075mm的颗粒超过总质量的85%
粗砂	粒径大于0.5mm的颗粒超过总质量的50%	粉砂	粒径大于0.075mm的颗粒超过总质量的50%
中砂	粒径大于0.25mm的颗粒超过总质量的50%		

注　定名时应根据粒径分组由大到小以最先符合者确定。

(2) 粉土。粉土系指塑性指数 $I_p \leqslant 10$，粒径小于0.075mm的颗粒超过总质量的50%，黏粒含量为 $3\% \leqslant \rho_c < 15\%$，可按表1.4定名为黏质粉土和砂质粉土。

表1.4　　粉土的分类

土的名称	黏粒含量 ρ_c/%	土的名称	黏粒含量 ρ_c/%
黏质粉土	$10 \leqslant \rho_c < 15$	砂质粉土	$3 \leqslant \rho_c < 10$

注　黏粒，指粒径小于0.005mm的颗粒。

1.1.5　细粒土的分类

1.1.5.1　分类指标的选择依据

对细粒土，主要以塑性图作为分类的依据，如图1.1所示。

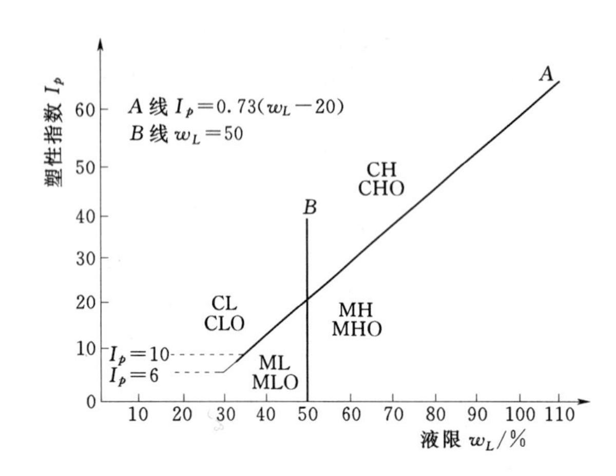

图 1.1　我国 SL 237—1999《土工试验规程》标准采用的塑性图

1.1.5.2　不同行业细粒土的分类方法

1. 交通部 JTJ 250—98《港口工程地基规范》黏性土分类法

黏性土为塑性指数 $I_p>10$ 的土，分为黏土（$I_p>17$）、粉质黏土（$10<I_p\leqslant 17$）。

粉土为 $I_p\leqslant 10$ 的土。

2. 水利部行业标准 SL 237—1999《土工试验规程》细粒土分类法

小于 0.075mm 的颗粒占 50%和50%以上的土称为细粒土，细粒土可用塑性图来进行分类。SL 237—1999《土工试验规程》中使用的塑性图是参照国外制定塑性图的经验，并在对我国各地土类加以统计整理的基础上得出的，如图 1.1 所示。图中 A 线是一条折线，其斜线方程式为 $I_p=0.73(w_L-20)$，在 $w_L=30\%$处与 $I_p=6$ 的水平线段相交，即 A 线的折点，A 线以上，且 $I_p>10$ 为黏质土或无机土类；A 线以下为粉质土类或有机质土类（Organic）。

B 线为 $w_L=50\%$的竖直线，将无机土按液限分为高（High）、低（Low）两档，而将有机质土按液限划分为高（OH）、低（OL）两类，这样就将塑性图划分为 4 个区域，并将细粒土分成 8 类（CH、CL、MH、ML、CHO、CLO、MHO、MLO），如图 1.1 所示。各类土的位置、符号、名称详见表 1.5。

表 1.5　　细粒土在塑性图上位置及名称

土的塑性指标在塑性图中的位置		土代号	土 名 称
塑性指数 I_p	液限 w_L		
$I_p\geqslant 0.73(w_L-20)$ 和 $I_p\geqslant 10$	$w_L\geqslant 50\%$	CH	高液限黏土
		CHO	有机质高液限黏土
	$w_L<50\%$	CL	低液限黏土
		CLO	有机质低液限黏土
$I_p<0.73(w_L-20)$ 和 $I_p<10$	$w_L\geqslant 50\%$	MH	高液限粉土
		MHO	有机质高液限粉土
	$w_L<50\%$	ML	低液限粉土
		MLO	有机质低液限粉土

注　1. 符号为英文第一个字母。
2. 典型土名中其他名称落于相应区域，例如硬质黏土应落于 CL 区。

当遇到各类土搭接情况时，可参考以下规定分类：

（1）粗细粒组含量百分数处于粗细粒土界线上时，划分为细粒土。

（2）粗粒土中，粒组含量处于砾类与砂类界线上时，划分为砂类；在良好级配与不良级配的界线上时，按良好级配考虑。

（3）细粒土中，如处于黏质土与粉质土界线上时，划分为黏质土；在液限高和液限低的界线上时，则按液限高考虑。

1.1.5.3 黏性土的塑性指数和稠度指标

1. 塑性指数

塑性指数的含义：液限和塑限的差值，其表达式见式（1.3）。

$$I_p = w_L - w_p \tag{1.3}$$

式中 I_p——塑性指数；

w_L——液限，%；

w_p——塑限，%。

2. 稠度指标

液性指数 I_L 是土抵抗外力的量度，其值越大，抵抗外力的能力越小，用于评价黏性土的稠度，其表达式见式（1.4）。

$$I_L = \frac{w - w_p}{w_L - w_p} = \frac{w - w_p}{I_p} \tag{1.4}$$

式中 I_L——液性指数；

w_L——液限，%；

w_p——塑限，%；

w——天然含水率，%。

由上式可知：

$w \leqslant w_p$，即 $I_L \leqslant 0$ 时，坚硬状态。

$w_p < w < w_L$，即 $0 < I_L \leqslant 1.0$ 时，土处于可塑状态，可细分为：$0 \leqslant I_L \leqslant 0.25$ 时，硬塑状态；$0.25 < I_L \leqslant 0.75$ 时，可塑状态；$0.75 < I_L \leqslant 1.0$ 时，软塑状态；$w > w_L$ 时，即 $I_L > 1.0$，流塑状态。

1.2 筛 析 法

1.2.1 试验原理

筛析法是分析土颗粒分布最简单的方法，将土样通过各种不同孔径的标准筛，并按筛孔径的大小由上至下依次叠好，对颗粒加以筛析，然后再称量筛上土质量，并计算出各个粒组占土总质量的百分数。小于 0.075mm 孔径的颗粒采用水分法进行分析。

1.2.2 仪器设备

（1）试验标准筛：10mm、5mm、2mm、1mm、0.5mm、0.25mm、0.1mm、0.075mm。

（2）电子天平：称量 1000g，分度值 0.1g；称量 200g，分度值 0.01g。

（3）台秤：称量 5kg，分度值 1g。

（4）振筛机：应带拍打。

（5）其他：烘箱、量筒、漏斗、瓷盘、毛刷、木碾等。

1.2.3 试验步骤

（1）按规定数量取出试样，称量准确至 0.1g；当试样质量多于 500g 时，应准确至 1g。

(2) 从风干松散的土样中，用四分对角取样法按规定数量取试样（表 1.6）。四分对角取样法：把试样拌均匀，铺成矩形，用两条对角线把试样分成 4 份，合并相对角的两部分，根据需要的数量，多次重复进行取样。

表 1.6　　　　取样数量

粒径尺寸/mm	<2	<10	<20	<40	<60
取样数量/g	100～300	300～1000	1000～2000	2000～4000	4000g 以上

(3) 将取好的试样倒入依次叠好的标准筛最上层（最大孔径）筛内，进行筛析。注意：盖好筛盖，两手上下托住，直立水平摇晃，或用筛析机进行筛析。

(4) 筛析 10min（土工试验规程规定 10～15min）后，再按由上而下的顺序将各筛取下，在空瓷盘上用手摇晃轻叩，如有试样漏下，应继续筛析，直到无试样漏下为止。漏下的土粒应全部放入下级筛内。并将留在各筛上的试样分别称量，准确至 0.1g。注：每级筛上称好的试样，均应做好记录后，再倒回本级筛内，以备试验数据有误时进行复查之用。

(5) 各级筛上及底盘内试样质量总和与试样取土质量之差不得大于 1%。注：根据土的性质及工程要求可适当增减不同筛径的分析筛。

1.2.4　数据记录与成果整理

1. 数据记录

筛析法颗粒分析试验记录表见表 1.7。

表 1.7　　　　筛析法颗粒分析试验记录表

试样编号__________　试验日期__________　干土质量__________

试验者__________　计算者__________　校核者__________

孔径 /mm	留筛土质量 /g	累计留筛土质量 /g	小于该孔径的土质量 /g	小于该孔径的土质量百分数 /%
10.0				
5.0				
2.0				
1.0				
0.5				
0.25				
0.1				
0.075				
底盘总计				

2. 成果整理

(1) 计算小于某粒径的试样质量占试样总质量百分数。根据式（1.5）计算小于某粒径的试样质量占试样总质量的百分数。

$$x=\frac{m_A}{m_B}d_x \tag{1.5}$$

式中　x——小于某粒径的试样质量占试样总质量的百分数，%；

m_A——小于某粒径的试样质量，g；

m_B——当细筛分析时或用密度计法分析时所取试样质量（粗筛分析时则为试样总质量），g；

d_x——粒径小于 2mm 或粒径小于 0.075mm 的试样质量占总质量的百分数，如试样中无大于 2mm 粒径或无小于 0.075mm 的粒径，在计算粗筛分析时则 $d_x=100\%$。

（2）计算不均匀系数 C_u。根据式（1.6）计算不均匀系数。

$$C_u=\frac{d_{60}}{d_{10}} \tag{1.6}$$

式中　d_{60}、d_{10}——粒径分布曲线上纵坐标为 60%、10%时所对应的土粒粒径，d_{10} 为有效粒径，d_{60} 为限制粒径。

（3）计算曲率系数 C_c。根据式（1.7）计算曲率系数。

$$C_c=\frac{(d_{30})^2}{d_{60}d_{10}} \tag{1.7}$$

式中　d_{60}、d_{30}、d_{10}——分别为粒径分布曲线上纵坐标为 60%、30%、10%时所对应的土粒粒径，d_{10} 为有效粒径，d_{60} 为限制粒径。

1.2.5　绘制级配曲线

求出各粒组的颗粒质量百分数，以小于某粒径的试样质量占试样总土质量的百分数为纵坐标，以对数坐标作为横坐标表示粒径（mm），在形成的单对数坐标纸上进行绘制颗粒大小分布曲线，又称为土的级配曲线，如图 1.2 所示。

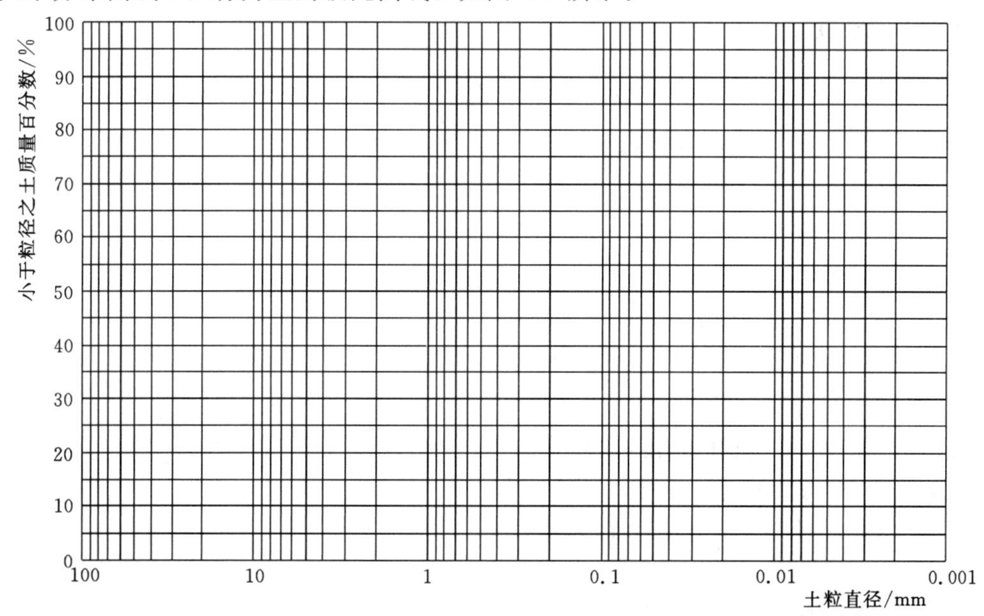

图 1.2　颗粒大小分布曲线

1.2.6 试验注意事项

（1）试验前用铜刷将分析筛清理干净，筛上不得遗留颗粒堵塞筛孔。

（2）将土样倒入依次叠好的筛子中进行筛析。

（3）试验时应小心操作，不要使颗粒散落丢失，影响试验结果。

（4）筛析法采用振筛机，在筛析过程中应能上下振动，水平转动。

（5）称重后干砂总重精确至±2g。

1.3 密度计法（水分法之一）

密度计法适用于分析粒径小于 0.075mm 的土样，若试样中含有大于 0.075mm 的粒径时，应同时使用密度计法和筛析法。

密度计分甲种和乙种。甲种密度计读数表示 1000mL 悬液中的干土重；乙种密度计读数表示悬液比重。两种密度计其制造原理和使用方法并无不同之处。

1.3.1 试验原理

密度计法是将一定质量的试样加入 4%浓度的六偏磷酸钠 10mL，混合成 1000mL 的悬液，并使悬液中的土粒均匀分布。此时悬液中不同大小的土粒下沉速度快慢不一。一方面根据斯笃克（Stokes，G.G，1845）定律计算悬液中不同大小土粒的直径；另一方面用密度计测定其相应不同大小土粒质量占试样总质量的百分数。

1. 斯笃克定律

斯笃克研究了球体颗粒在悬液中的下沉问题，认为不同球体颗粒在悬液中的下沉速度 v 与它们的直径大小 d 有关，这种反映悬液中颗粒下沉速度和粒径关系的规律，称为斯笃克定律。按照这一定律，土颗粒在溶液中下沉时，较大的土粒首先下沉，经过某一时段 t，只有比某一粒径 d 小的土粒仍然浮在悬液中，这些土粒在悬液中通过铅直距离 L，在时间 t 内下沉速度：

$$v=\frac{L}{t}=\frac{(\rho_s-\rho_w)}{1800\eta}gd^2$$

或

$$d=\sqrt{\frac{1800\eta v}{(\rho_s-\rho_w)g}}=\sqrt{\frac{1800\times10^4\eta}{(G_s-G_{wT})\rho_{w0}g}\frac{L}{t}} \tag{1.8}$$

式中 η——纯水的动力黏滞系数，$\times10^{-6}$kPa·s；

d——土颗粒粒径，mm；

ρ_s——土粒的密度，g/cm^3；

G_s——土粒的比重；

ρ_w——水的密度，g/cm^3；

ρ_{w0}——温度 4℃时水的密度，g/cm^3；

G_{wT}——温度 T℃时水的比重；

L——某一时间 t 内土粒的沉降距离，cm；

t——沉降时间，s；

g——重力加速度，cm/s^2。

为了简化计算，用如图 1.3 所示的斯笃克列线图，可求得粒径 d。此时，悬液中在 L 范围内所有土粒的直径都比算得的 d 小，而大于 d 的土粒都下沉到比 L 大的深度处。

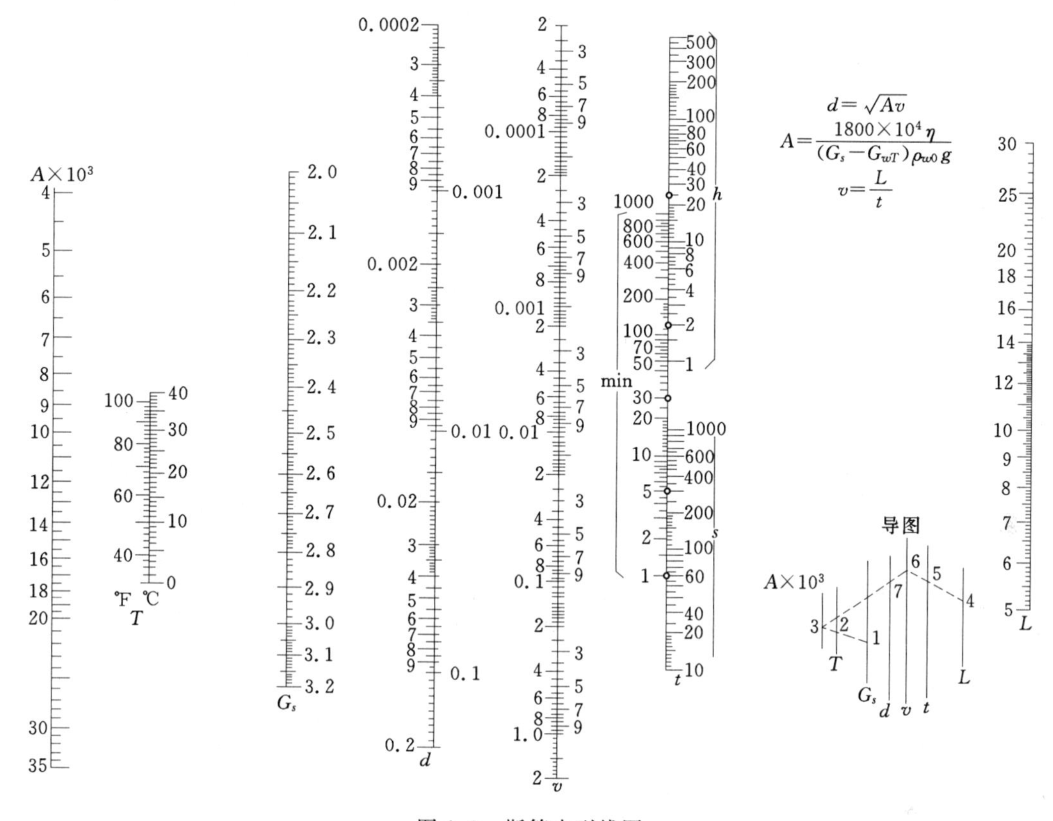

图 1.3 斯笃克列线图

2. 悬液中土粒质量的百分数

设 V 为悬液的体积，m_s 为该悬液内所含土颗粒总质量，则开始时悬液单位体积内的土粒质量为$\frac{m_s}{V}$，土粒的体积为$\frac{m_s}{V\rho_{w0}G_s}$，单位体积的悬液是由土粒和水组成，则水的体积应为 $1-\frac{m_s}{G_s\rho_{w0}V}$，水的质量为 $\rho_{wT}\left(1-\frac{m_s}{G_s\rho_{w0}V}\right)$，式中 ρ_{wT} 为试验开始时温度为 T℃时水的密度。那么开始时土粒均匀分布的悬液密度为

$$(\rho_{su})_i=\frac{m_s}{V}+\rho_{wT}\left(1-\frac{m_s}{G_s\rho_{w0}V}\right)$$

或

$$(\rho_{su})_i=\rho_{wT}+\frac{m_s}{V}\left(\frac{\rho_s-\rho_{wT}}{\rho_s}\right) \tag{1.9}$$

式中符号的意义同前。

从量筒中液面下深度 L 处，取一微小体积的悬液进行研究。从开始下沉至 t 时刻，悬液内大于粒径 d 的土粒，都通过此微小体积而下沉，小于粒径 d 的土粒一部分已通过此微小体积的底部，另一部分同时进入该体积的顶部，因此该微小体积内小于粒径 d 的

数量保持不变。设时间为 t，该微小体积内小于粒径 d 的土粒质量为 m_s'，则与总体积 V 内土粒质量 m_s 之比为 X，即

$$X=\frac{m_s'}{m_s}\times 100\%$$

则单位体积内小于粒径 d 的土粒质量为 $\frac{m_s X}{V}$。经过时间 t 后在深度 L 处该微小体积悬液的密度，可由式（1.9）求得

$$\rho_{sut}=\rho_{wT}+\frac{m_s X}{V}\frac{\rho_s-\rho_{wT}}{\rho_s}$$

或

$$X=\frac{\rho_s}{\rho_s-\rho_{wT}}\frac{V}{m_s}(\rho_{sut}-\rho_{wT})\times 100\% \tag{1.10}$$

用密度计测得任何时间 t，任何深度 L 处 1000mL 悬液内的密度 ρ_{sut}，即可按式（1.10）算得小于某粒径 d 的土粒质量的百分数。

3. 密度计的校正

目前通常采用的密度计有甲、乙两种，其制造原理和使用方法基本相同。甲种密度计（图 1.4）读数表示 1000mL 悬液中所含土量的克数，乙种密度计的读数表示悬液密度。两种密度计通常是在温度为 20℃时刻划的，而且土粒比重都以 2.65 为基准。在使用密度计时，由于使用条件的变化等原因，产生了系统误差，需要进行以下校正。

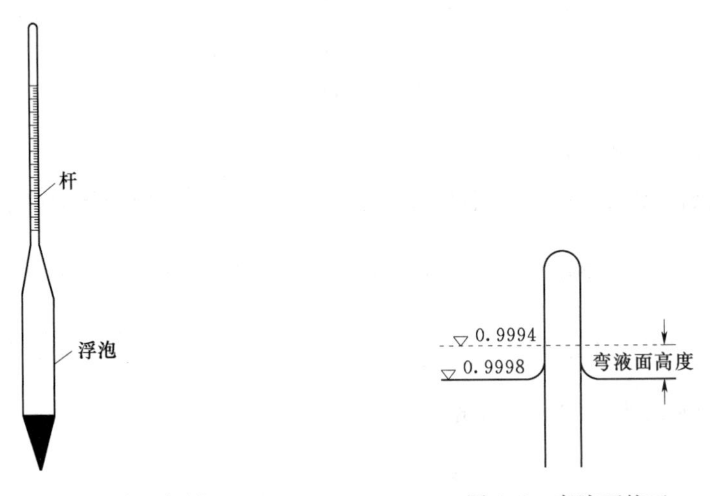

图 1.4　甲种密度计示意图　　　图 1.5　弯液面校正

（1）刻度及弯液面校正。由于密度计在制造时刻度可能出现的误差，使用前必须经过检验校正。此外，密度计的刻度是以弯液面底为准，而在使用时，由于悬液混浊，读数以弯液面顶部为准，如图 1.5 所示。应校正后才能用于计算（校正值由实验室给出）。

（2）温度校正。密度计的刻度一般是在 20℃时进行的，使用时悬液温度不等于 20℃，水的密度及密度计浮泡体积发生变化，需加以校正，可以从表 1.8 查得温度校正值。

表 1.8　　温 度 校 正 值

悬液温度 /℃	甲种密度计温度校正值 m_T	乙种密度计温度校正值 m_T	悬液温度 /℃	甲种密度计温度校正值 m_T	乙种密度计温度校正值 m_T
5.0	−2.2	−0.0014	24.0	+1.3	+0.0008
6.0	−2.2	−0.0014	24.5	+1.5	+0.0009
7.0	−2.2	−0.0014	25.0	+1.7	+0.0010
8.0	−2.2	−0.0014	25.5	+1.9	+0.0011
9.0	−2.1	−0.0013	26.0	+2.1	+0.0013
10.0	−2.0	−0.0012	26.5	+2.3	+0.0014
10.5	−1.9	−0.0012	27.0	+2.5	+0.0015
11.0	−1.9	−0.0012	27.5	+2.6	+0.0016
11.5	−1.8	−0.0011	28.0	+2.9	+0.0018
12.0	−1.8	−0.0011	28.5	+3.1	+0.0019
12.5	−1.7	−0.0010	29.0	+3.3	+0.0021
13.0	−1.6	−0.0010	29.5	+3.5	+0.0022
13.5	−1.5	−0.0009	30.0	+3.7	+0.0023
14.0	−1.4	−0.0009	30.5	+3.9	+0.0025
14.5	−1.3	−0.0008	31.0	+4.2	+0.0026
15.0	−1.2	−0.0008	31.5	+4.4	+0.0027
15.5	−1.1	−0.0007	32.0	+4.6	+0.0029
16.0	−1.0	−0.0006	32.5	+4.8	+0.0030
16.5	−0.9	−0.0006	33.0	+5.0	+0.0032
17.0	−0.8	−0.0005	33.5	+5.3	+0.0034
17.5	−0.7	−0.0004	34.0	+5.5	+0.0035
18.0	−0.5	−0.0003	34.5	+5.8	+0.0037
18.5	−0.4	−0.0003	35.0	+6.0	+0.0038
19.0	−0.3	−0.0002	35.5	+6.2	+0.0040
19.5	−0.1	−0.0001	36.0	+6.5	+0.0042
20.0	0.0	0.0000	36.5	+6.7	+0.0043
20.5	+0.1	+0.0001	37.0	+7.0	+0.0045
21.0	+0.3	+0.0002	37.5	+7.3	+0.0047
21.5	+0.5	+0.0003	38.0	+7.6	+0.0048
22.0	+0.6	+0.0004	38.5	+7.9	+0.0050
22.5	+0.8	+0.0005	39.0	+8.2	+0.0052
23.0	+0.9	+0.0006	39.5	+8.5	+0.0053
23.5	+1.1	+0.0007	40.0	+8.8	+0.0050

(3) 分散剂校正。密度计刻度是以纯水为标准的，当悬液中加入分散剂时，则密度增大，亦需加以校正，校正值由实验室给出。

(4) 土粒沉降距离校正。密度计读数除用以求得悬液中土粒的含量以外，还用以确定土粒的实际下沉距离（有效沉降距离），借以计算粒径 d。当密度计放入悬液内，液面升高，此时液面至密度计浮泡中心的距离，并不代表土粒的实际沉降距离。因此必须加以校正，校正值由实验室给出。

一般进行校正时，温度对水的影响已在斯笃克公式中考虑，只需对密度计读数进行弯液面校正。做沉降距离校正曲线时，将密度计的每一分度加上弯液面校正值，就可供计算使用，从而求得土粒的有效沉降距离。

(5) 土粒比重校正。试验时如土粒比重不是2.65，可由表1.9查得土粒比重校正值。

表1.9　　土粒比重校正值

土粒比重 G_s	比重校正值		土粒比重 G_s	比重校正值	
	甲种密度计	乙种密度计		甲种密度计	乙种密度计
2.50	1.038	1.666	2.70	0.989	1.588
2.52	1.032	1.658	2.72	0.985	1.581
2.54	1.027	1.649	2.74	0.981	1.575
2.56	1.022	1.641	2.76	0.977	1.568
2.58	1.017	1.632	2.78	0.973	1.562
2.60	1.012	1.625	2.80	0.969	1.556
2.62	1.007	1.617	2.82	0.965	1.549
2.64	1.002	1.609	2.84	0.961	1.543
2.66	0.998	1.603	2.86	0.958	1.538
2.68	0.993	1.595	2.88	0.954	1.532

将密度计经过校正代入式（1.10）并经过换算，则可按式（1.11）、式（1.12）得出小于某粒径土粒质量的百分数：

甲种密度计：

$$X=\frac{100}{m_s}C_s(R+n+m_T-C_D) \tag{1.11}$$

乙种密度计：

$$X=\frac{100V}{m_s}C_s'[(R'-1)+n'+m_T'-C_D']\rho_{w20} \tag{1.12}$$

式中　R、R'——甲、乙种密度计读数；

C_s、C_s'——甲、乙种比重度计土粒比重校正值，查表1.8；

m_T、m_T'——甲、乙种密度计温度校正值，查表1.7；

C_D、C_D'——甲、乙种密度计分散剂校正值（由实验室给出）；

n、n'——甲、乙种密度计刻度及弯液面校正值，查实验室给出的图表；

其他符号意义同前。

1.3.2 仪器设备

（1）密度计：目前通常采用的密度计有甲、乙两种，现介绍甲种密度计。甲种密度计刻度自0～60，最小分度单位为1.0，如图1.6所示。

（2）量筒：容积1000mL。

（3）天平：称量1000g，分度值0.1g；称量200g，分度值0.01g。

（4）试验筛。

1）细筛：孔径2mm、1mm、0.5mm、0.25mm、0.1mm。

2）洗筛：孔径0.075mm。

（5）搅拌器：轮径50mm，孔径3mm，如图1.7所示。

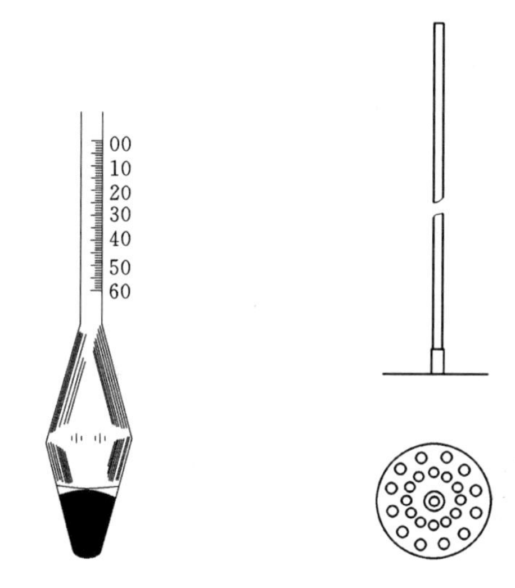

图1.6　甲种密度计　　图1.7　搅拌器

（6）煮沸设备：电热器、三角烧瓶（容积500mL）等。

（7）分散剂：4%六偏磷酸钠或其他分散剂。

（8）其他：温度计（刻度0～50℃，分度值0.5℃）、洗筛漏斗、蒸馏水、烧杯、研钵、木杵、秒表等。

1.3.3 试验步骤

（1）称质量为30g风干试样倒入锥形瓶中，勿使土粒丢失，注入200mL蒸馏水浸泡过夜。

（2）将锥形瓶放在煮沸设备上，连接冷凝管进行煮沸。一般煮沸时间约1h。

（3）将冷却后的悬液倒入瓷杯中，静置1min，将上部悬液倒入筒内。杯底沉淀物用带橡皮头的研杵细心研散，加蒸馏水，经搅拌后静置1min，再将上部悬液倒入量筒。如此反复操作直至杯内悬液澄清为止。当土中大于0.075mm的颗粒估计超过试样总质量的15%时，应将其全部倒至0.075mm筛上冲洗，直至筛上仅留大于0.075mm的颗粒为止。

（4）将留在洗筛上的颗粒洗入蒸发皿内，倾去上部清水，烘干称质量，然后按规程规定进行细筛筛析。

（5）将过筛悬液倒入量筒，加4%浓度的六偏磷酸钠约10mL于量筒溶液中，再注入纯水，使筒内悬液达1000mL（对加入六偏磷酸钠后产生凝聚的土，应选用其他分散剂）。

(6) 用搅拌器在量筒内沿整个悬液深度上下搅拌约 1min，往复各约 30 次，搅拌时勿使悬液溅出筒外，使悬液内土粒均匀分布。

(7) 取出搅拌器，将密度计放入悬液中同时开动秒表。测读 1min、5min、30min、120min 和 1440min 时的密度计读数。根据试样情况或实际需要，可增加密度计读数或缩短最后一次读数的时间。

(8) 每次读数均应在预定时间前 10～20s 将密度计小心放入悬液接近读数的深度，并须注意密度计浮泡保持在量筒中部位置，不得贴近筒壁。

(9) 密度计读数均以弯液面上缘为准。甲种密度计应准确至 0.5，乙种密度计应准确至 0.0002，每次读数完毕立即取出密度计放入盛有纯水的量筒中，并测定各相应的悬液温度，准确至 0.5℃。放入或取出密度计，应尽量减少对悬液的扰动。

(10) 如试样在分析前未过 0.075mm 洗筛，而在密度计第 1 个读数时，发现下沉的土粒已超过试样总质量的 15%时，则应于试验结束后，将量筒中土粒过 0.075mm 筛，然后按规程规定求得粒径大于 0.075mm 的颗粒组成。

1.3.4　数据记录与成果整理

1. 数据记录

密度计法颗粒分析试验记录表见表 1.10。

表 1.10　密度计法颗粒分析试验记录表

试样编号________　试样描述________　试验日期________

试验者________　计算者________　校核者________

小于 0.075mm 颗粒土质量百分数________　干土总质量________

湿土质量________　密度计号________

干土质量________　量筒号________

含水率________　烧瓶号________

含盐量________　土粒比重________

风干土质量________　比重校正值________

试样处理说明________　弯液面校正值________

下沉时间 t /min	悬液温度 T /℃	密度计读数						土粒落距 L /cm	粒径 d /mm	小于某粒径的土质量百分数 /%
		密度计读数 R	温度校正值 m_T	弯液面校正值 n	分散剂校正值 C_D	$R_m=R+m_T+n-C_D$	$R_H=R_mC_s$			

2. 成果整理

（1）由于刻度、温度与加入分散剂等原因，密度计每一次读数须先经弯液面校正后，由实验室提供的 $R-L$ 关系图，查得土粒有效沉降距离，计算颗粒的直径 d，根据式（1.8）计算。为简化计算，式（1.8）可写成式（1.13）所示简化式。

$$d=K\sqrt{\frac{L}{t}} \tag{1.13}$$

式中　d——颗粒直径，mm；

K——粒径计算系数，$K=\sqrt{\frac{1800\times10^{4}\eta}{(G_s-G_{wt})\rho_{w0}g}}$，与悬液温度和土粒比重有关，由表1.11查得；

L——某时间 t 内的土粒沉降距离（由实验室提供的资料查得）；

t——沉降时间，s。

表1.11　粒径计算系数K值表

温度/℃	土粒比重								
	2.45	2.50	2.55	2.60	2.65	2.70	2.75	2.80	2.85
10	0.1288	0.1267	0.1247	0.1227	0.1208	0.1189	0.1173	0.1156	0.1141
11	0.1270	0.1249	0.1229	0.1209	0.1190	0.1173	0.1156	0.1140	0.1124
12	0.1253	0.1232	0.1212	0.1193	0.1175	0.1157	0.1140	0.1124	0.1109
13	0.1235	0.1214	0.1195	0.1175	0.1158	0.1141	0.1124	0.1109	0.1004
14	0.1221	0.1200	0.1180	0.1162	0.1149	0.1127	0.1111	0.1095	0.1000
15	0.1205	0.1184	0.1165	0.1148	0.1130	0.1113	0.1096	0.1081	0.1067
16	0.1189	0.1169	0.1150	0.1132	0.1115	0.1098	0.1083	0.1067	0.1053
17	0.1173	0.1154	0.1135	0.1118	0.1100	0.1085	0.1069	0.1047	0.1039
18	0.1159	0.1140	0.1121	0.1103	0.1086	0.1071	0.1055	0.1040	0.1026
19	0.1145	0.1125	0.1108	0.1090	0.1073	0.1058	0.1031	0.1088	0.1014
20	0.1130	0.1111	0.1093	0.1075	0.1059	0.1043	0.1029	0.1014	0.1000
21	0.1118	0.1099	0.1081	0.1064	0.1043	0.1033	0.1018	0.1003	0.0990
22	0.1103	0.1085	0.1067	0.1050	0.1035	0.1019	0.1004	0.0990	0.09767
23	0.1091	0.1072	0.1055	0.1038	0.1023	0.1007	0.09930	0.09793	0.09659
24	0.1078	0.1061	0.1044	0.1028	0.1012	0.09970	0.09823	0.09600	0.09555
25	0.1065	0.1047	0.1031	0.1014	0.09990	0.09839	0.09701	0.09566	0.09434
26	0.1054	0.1035	0.1019	0.1003	0.09897	0.09731	0.09592	0.09455	0.09327
27	0.1041	0.1024	0.10007	0.09915	0.09767	0.09623	0.09482	0.09349	0.09225
28	0.1032	0.1014	0.09975	0.09818	0.09670	0.09529	0.09391	0.09257	0.09132
29	0.1019	0.1002	0.09859	0.09706	0.09555	0.09413	0.09279	0.09144	0.09028
30	0.1008	0.09910	0.09752	0.09597	0.09450	0.09311	0.09176	0.09050	0.08927

为了简化计算，用如图 1.3 所示的斯笃克列线图，可求得粒径 d。此时，悬液中在 L 范围内所有土粒的直径都比算得的 d 小，而大于 d 的土粒都下沉到比 L 大的深度处。

（2）将每一读数经过刻度与弯液面校正、温度校正、土粒比重校正和分散剂校正后，根据式（1.11）计算小于某粒径的土质量百分数 X。

1.3.5　绘制级配曲线

用小于某粒径的土质量百分数 X(%) 为纵坐标，粒径 d(mm) 的对数为横坐标，绘制颗粒大小级配曲线。

1.3.6　试验注意事项

（1）称量好的干试样放入锥形瓶时应仔细操作，不要使土粒散落，煮沸冷却后的悬液倒入量筒中时要分次加入纯水，将锥形瓶内颗粒洗净倒入量筒中，并注意不要流失。

（2）搅拌悬液时，搅拌器沿悬液上下搅动，不要使悬液溅出筒外。

（3）持放密度计时应轻拿轻放，不要靠近筒壁，减少对悬掖的扰动，并注意不要横持密度计，防止密度计折断损坏。

（4）试验前练习密度计读法，5min 时的读数是包括 1min 读数的时间，其余 30min、120min、1440min 的读数时间也是如此累加。

（5）每次量测读数后，应立即将密度计从悬液中取出，小心放入盛有纯水的量筒中备用，注意量筒底部应放置橡胶垫，以防密度计损坏。

思　考　题

1. 简要说明颗粒大小分析试验的方法及适用条件。
2. 简要回答筛析法和水分法试验过程中各应注意哪些问题。
3. 简述密度计法试验原理。
4. 土的颗粒级配曲线很陡时说明其代表的土样有什么特点？
5. 用密度计法分析土的颗粒组成时，把悬液搅拌均匀后隔不同的时间 t_i 测读密度计读数，问每次测得的土粒下沉距离 L_i 是常量还是变量？为什么？
6. 试分析用密度计法做颗分试验可能产生误差与错误的因素有哪些。

第 2 章　土的物理性质指标试验

2.1　容重与密度试验

土的密度是指土的单位体积质量，是土的基本物理性质指标之一，其单位为 g/cm^3。当用国际单位制计算土的重力时，由土的质量产生的单位体积的重力称为容重（又称重力密度）γ，简称重度，其单位是 kN/m^3。容重由密度乘以重力加速度求得，即 $\gamma=\rho g$。土的密度一般是指土的湿密度 ρ，相应的容重称为湿容重 γ，除此以外还有土的干密度 ρ_d、饱和密度 ρ_{sat} 和有效密度 ρ'，相应的有干容重 γ_d、饱和容重 γ_{sat} 和有效容重 γ'。

2.1.1　概述

1. 试验目的

测定土的湿密度，可了解土的疏密和干湿状态，供换算土的其他物理性质指标和工程设计以及控制施工质量之用，也是挡土墙压力计算、土坡稳定性验算、地基承载力和沉降量估算以及路基路面施工填土压实度控制的重要指标之一。

2. 试验方法

无论室内试验还是野外勘察以及施工质量控制中均要测定密度。测定密度的方法常用的有环刀法、蜡封法、灌水法和灌砂法等。对黏性土环刀法操作简便而准确，在室内和野外普遍采用。不能用环刀切削的坚硬、易碎、含有粗粒、形状不规则的土可用蜡封法。灌砂法和灌水法一般在野外应用，适用于砂、砾等。近几年用于测定天然密度的核子射线法也逐渐成熟，对饱和松散砂、淤泥、软黏土等可用此法测定。

2.1.2　环刀法

1. 试验原理

环刀法是采用一定体积环刀切取土样并称土质量的方法，环刀内土的质量与体积之比即为土的密度。

2. 试验仪器

（1）环刀：直径 7.98cm，高度 2cm 或直径 6.18cm，高度 2cm 两种。

（2）天平：称量 500g，分度值 0.1g；称量 200g，分度值 0.01g。

（3）其他：削土刀、钢丝锯、凡士林等。

3. 试验步骤

（1）量测环刀：取出环刀，称出环刀的质量，并涂一薄层凡士林。

（2）切取土样：将环刀的刀口向下放在土样上，然后用削土刀将土样削成略大于环刀直径的土柱，将环刀垂直下压，边压边削使土样上端伸出环刀为止，然后将环刀两端的余土削平，取剩余的代表性土样测定含水率。

（3）土样称量：擦净环刀外壁，称出环刀和土的质量，准确至 0.1g。

（4）本试验需进行两次平行测定，平行差值不得大于 0.03g/cm^3，取其算术平均值，计算至 0.01g/cm^3。

4. 试验记录与成果整理

（1）试验记录。环刀法密度试验记录表见表 2.1。

表 2.1　　环刀法密度试验记录表

试样编号＿＿＿＿＿　试样描述＿＿＿＿＿　试验日期＿＿＿＿＿

试验者＿＿＿＿＿　计算者＿＿＿＿＿　校核者＿＿＿＿＿

试样编号	土样类别	环刀号	环刀＋湿土质量/g	环刀质量/g	湿土质量/g	体积/cm^3	湿密度/(g/cm^3)	平均湿密度/(g/cm^3)
			m_1	m_2	m	V	ρ	

（2）成果整理。环刀法试样湿密度根据式（2.1）计算。

$$\rho=\frac{m}{V}=\frac{m_1-m_2}{V} \tag{2.1}$$

式中　ρ——密度，计算至 0.01g/cm^3；

m——湿土质量，g；

m_1——环刀加湿土质量，g；

m_2——环刀质量，g；

V——环刀体积，cm^3。

试验应进行两次平行测定，其平行差值不得大于 0.03g/cm^3，取其算术平均值。

5. 试验注意事项

称取环刀前，把土样用削土刀削平并擦净环刀外壁；如果使用电子天平称重则必须预热，称重时精确至小数点后 2 位；按土质均匀程度及试样尺寸选择不同容积的环刀，室内进行密度试验。考虑到剪切、固结等项试验所用环刀相配合，一般选用内径为 61.8mm、高为 20mm 即容积为 60cm^3 的环刀。用环刀切土时，要防止试样扰动，所以应先切成一个较环刀内径略大的土柱，然后将环刀垂直下压，为避免环刀下压时挤压四周试样，应边压边削，直至试样伸出环刀，将两端修平。

2.1.3　蜡封法

1. 试验原理

蜡封法是将试样称量质量后，浸入融化的石蜡中，使试样被石蜡包裹，称其在空气中及水中质量，即可测得试样密度。蜡封法适用于不能用环刀法切割的坚硬易碎、含有粗颗粒或形状不规则的试样。

2. 试验仪器

（1）天平：称量 500g，分度值 0.1g；称量 200g，分度值 0.01g。

（2）蜡封设备：应附熔蜡加热器。

(3) 其他：削土刀、蜡、烧杯、细线、针等。

3. 试验步骤

(1) 从原状土样中，切取体积不小于 $30cm^3$ 的代表性试样，清除表面浮土及尖锐棱角，系上细线，称试样质量，准确至 0.1g，取代表性试样测定含水率。

(2) 持线将试样缓缓浸入刚过熔点的蜡液中，浸没后立即将试样提出。检查试样周围的蜡膜有无气泡存在，当有气泡时应用热针刺破，再用蜡液补平空口。冷却后称蜡封试样质量，准确至 0.1g。

(3) 用线将蜡封试样吊在天平的一端，浸没于盛有纯水的烧杯中，称蜡封试样在纯水中的质量，准确至 0.1g，如图 2.1 所示。并测定纯水的温度。

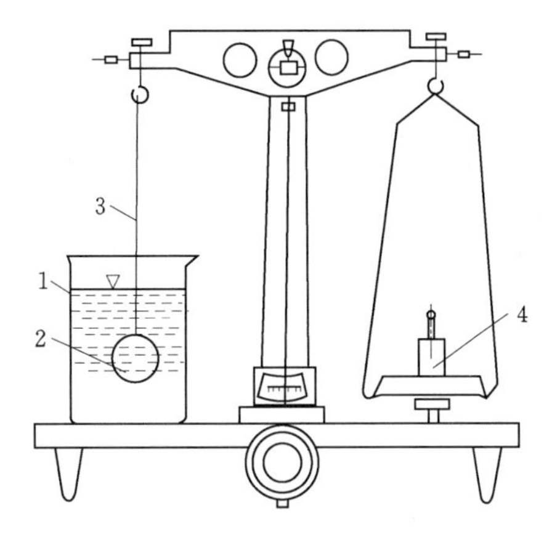

图 2.1 天平

1—盛水杯；2—蜡封试样；3—细线；4—砝码

(4) 取出试样，擦干蜡面上的水分，再称蜡封试样质量 1 次，检查试样中是否有水浸入，当浸水后试样质量增加时，应另取试样重做试验。

4. 试验记录与成果整理

(1) 试验记录。蜡封法密度试验记录表见表 2.2。

表 2.2　　蜡封法密度试验记录表

试样编号__________　试样描述__________　试验日期__________

试验者__________　计算者__________　校核者__________

试样编号	土样类别	环刀号	湿土质量 /g	体积 /cm^3	湿密度 /(g/cm^3)	平均湿密度 /(g/cm^3)

(2) 成果整理。蜡封法试样湿密度根据式 (2.2) 计算。

$$\rho=\frac{m}{V} \tag{2.2}$$

式中 ρ——密度，g/cm^3，计算至 $0.001g/cm^3$；

m——湿土质量，g；

V——环刀体积，cm^3。

5. 试验注意事项

(1) 各种蜡的密度不相同，所以试验前需测定蜡的密度。

(2) 水的密度随温度而变化，故试验中应测定水温，其目的是为了消除因水密度变化而产生的影响。

(3) 当土样有虫孔时，应先用一小片薄纸将孔封住再行浸蜡，避免蜡液侵入土样的孔隙。

(4) 试验中土样封蜡时石蜡的温度应控制在 50～70℃，以蜡液达到熔点以后不出现气泡为准。温度过高，会使土样一部分水分损失，且蜡液易侵入土孔隙；温度太低，不易封好蜡皮。

(5) 封蜡时，土样每面均应斜着浸入蜡液中，切忌使土样面与蜡液面同时接触，以免在蜡内窝藏气泡或者在土样与石蜡间留存整片的空隙。

(6) 试验应进行2次平行测定，其平行差值不得大于0.03g/cm³，取其算术平均值。

2.1.4 灌水法

1. 试验原理

灌水法适用于现场测定粗粒土的密度。

2. 试验仪器

(1) 储水筒：直径应均匀，并附有刻度及出水管。

(2) 台秤：称重50kg，最小分度值10g。

3. 试验步骤

(1) 根据试样最大粒径，确定试坑尺寸见表2.3。

表2.3 试坑尺寸

试样最大粒径/mm	试坑尺寸/mm	
	直径	深度
5 (20)	150	200
40	200	250
60	250	300

(2) 将选定试验处的试坑地面整平，除去表面松散的土层。

(3) 按确定的试坑直径划出坑口轮廓线，在轮廓线内下挖至要求深度，边挖边将坑内的试样装入盛土容器内，称试样质量，准确到10g，并应测定试样的含水率。

(4) 试坑挖好后，放上相应尺寸的套环，用水准尺找平，将大于试坑容积的塑料薄膜袋平铺于坑内，翻过套环压住薄膜四周。

(5) 记录储水筒内初始水位高度，拧开储水筒出水管开关，将水缓慢注入塑料薄膜袋中。当袋内水面接近套环边缘时，将水流调小，直至袋内水面与套环边缘齐平时关闭出水管，持续3～5min，记录储水筒内水位高度。当袋内出现水面下降时，应另取塑料薄膜袋重做试验。

4. 试验记录与成果整理

(1) 试验记录。灌水法试验记录表见表2.4。

(2) 成果整理。试坑的体积根据式(2.3)计算。

$$V_p=(H_1-H_2)A_w-V_0 \tag{2.3}$$

式中 V_p——试坑体积，cm³；

H_1——储水筒初始水位高度，cm；

H_2——储水筒内注水终了时水位高度，cm；

A_w——储水筒断面面积，cm²；

V_0——套环体积，cm³。

表 2.4　　灌水法密度试验记录表

试样编号＿＿＿＿＿　试样描述＿＿＿＿＿　试验日期＿＿＿＿＿

试验者＿＿＿＿＿　计算者＿＿＿＿＿　校核者＿＿＿＿＿

试坑编号	储水筒水位/cm		储水筒断面面积/cm^2	试坑体积/cm^3	试样质量/g	湿密度/(g/cm^3)	含水率/%	干密度/(g/cm^3)	试样重度/(kN/cm^3)
	初始	结束							

灌水法试样湿密度根据式（2.4）计算。

$$\rho_0=\frac{m_p}{V_p} \tag{2.4}$$

式中　ρ_0——试样密度，g/cm^3；

m_p——取自试坑内的试样质量，g。

5. 试验注意事项

目前不少工程采用灌水法测定试样密度，挖试坑后在试坑内铺塑料薄膜袋，由于薄膜不能紧贴凹凸不平的坑壁，并有折叠、皱纹等现象，使测得的体积缩小，计算的密度偏大。为了避免过大的误差，要求薄膜袋的尺寸应与试坑大小相适应。

2.1.5　灌砂法

1. 试验原理

灌砂法适用于现场测定粗粒土的密度。

2. 试验仪器

（1）密度测定器：其组成包括铁皮制作的金属灌砂筒（上部为储砂筒，且筒底中心有一 ϕ15mm 的圆孔）、金属标定罐、容积筒、基板（金属方盘，盘中心有一 ϕ150mm 的圆孔、玻璃板长约 500mm 的方形板）。

（2）台秤：称重 50kg，最小分度值 10g。

3. 试验步骤

（1）选择标准砂：灌砂法试验前应当选择适当粒径标准砂，使其密度变化较小，标准中规定粒径在 0.25～0.50mm，密度选用 1.47～1.61g/cm^3。

（2）试验前备用足够数量的标准砂且应该清洗洁净、风干，并用密度测定器测定标准砂的密度。

（3）根据试样最大粒径，确定试坑尺寸，根据表 2.3 执行。

（4）将选定试验处的试坑地面整平，除去表面松散的土层。

（5）按确定的试坑直径划出坑口轮廓线，在轮廓线内下挖至要求深度，边挖边将坑内的试样装入盛土容器内，称试样质量，准确到 10g，并应测定试样的含水率。

（6）试坑挖好后，放上相应尺寸的套环，用水准尺找平。

（7）利用密度测定器上的容砂瓶向试坑中注入事先备好的标准砂，直至坑内砂面与套环边缘齐平时停止注砂，并计算容砂瓶内用去标准砂的质量。

4. 试验记录与成果整理

（1）试验记录。灌砂法试验记录表见表 2.5。

表 2.5　　　　灌砂法密度试验记录表

试样编号__________　试样描述__________　试验日期__________

试验者__________　计算者__________　校核者__________

试样编号	量砂容器质量＋原有量砂质量/g	量砂容器质量＋剩余量砂质量/g	试坑用砂质量/g	量砂密度/(g/cm^3)	试坑体积/cm^3	试样＋容器质量/g	容器质量/g	试样质量/g	试样密度/(g/cm^3)	含水率/%	试样干密度/(g/cm^3)	试样重度/(kN/cm^3)

（2）成果整理。灌砂法试样湿密度根据式（2.5）计算。

$$\rho_0=\frac{m_p}{\dfrac{m_s}{\rho_s}} \tag{2.5}$$

式中　ρ_0——试样密度，g/cm^3；

m_p——取自试坑内的试样质量，g；

m_s——注满试坑所用标准砂的质量，g；

ρ_s——标准砂的密度，g/cm^3。

5. 试验注意事项

灌砂法试坑尺寸必须与试样粒径相配合，使所取的试样有足够的代表性，为此在标准中规定了与试样最大粒径相对应的试坑尺寸，见表 2.3。由于灌砂法适用砂、砾，在开挖试坑时，周围的砂粒容易移动，使试坑体积减小，测得的密度偏高，操作时应特别小心。试坑内已松动的颗粒应全部取出。地表刮平对正确测定试坑体积是很重要的。现在灌砂法一般不用套环，而是直接在刮平的地面上挖试坑，然后灌砂求其体积。

思　考　题

1. 简要说明测定土的密度常用的方法有哪几种。
2. 进行室内密度试验时，一般选用的环刀直径和高度各为多少？
3. 简要说明各种测定土的密度试验方法的适用条件是什么。
4. 环刀法试验切取试样时注意事项有哪些？
5. 简要描述土的密度与容重的关系是什么。

2.2　含水率（量）试验

2.2.1　概述

含水率的定义是试样在105～110℃温度下烘至恒量时，所失去的水的质量和恒量后干土质量的比值，以百分数表示。含水率是土的基本物理性质指标之一。它反映土的状态，含水率的变化将使土的一系列物理力学性质随之变化。这种影响表现在各个方面，如反映在土的稠度方面，使土成为坚硬的、可塑的或流动的；反映在土内水分的饱和程度方面，使土成为稍湿、很湿或饱和的；反映在土的力学性质方面，能使土的结构强度增加或减小，紧密或疏松，造成压缩性及稳定性的变化。

1. 试验目的

试验目的是测定土的含水率，用以了解土的含水情况。含水率是土的基本物理性质指标之一，是计算土的干密度、孔隙比、饱和度、液性指数等不可缺少的基本数据。同时，土的含水率也是水工建筑物施工质量控制的依据。

2. 试验方法

测定含水率的方法有烘干法、酒精燃烧法、炒干法、比重法、实容积法、微波法和核子射线法等。烘干法属室内试验的标准方法，适用于有机质含量不超过干质量5%的土，当土中有机质含量在5%～10%之间，仍可采用烘干法进行试验，但需注明有机质含量。对于有机质含量超过10%的土，应将温度控制在65～70℃的恒温下烘至恒量；酒精燃烧法和比重法属于在野外无烘箱设备，或者要求快速测定含水率时使用的试验方法，酒精燃烧法适用于简易快速测定细粒土含水率，而比重法适用于砂类土。

2.2.2　烘干法

1. 试验原理

烘干法是根据将试样放入温度能保持在105～110℃电热烘干箱中加热后水分蒸发的原理，将试样烘至恒重，并通过烘干前后试样的质量之差求得水分的含量，进而计算含水率。

2. 试验仪器

（1）烘箱：电热烘箱或温度能保持105～110℃的其他能源烘箱。

（2）天平：称量200g，分度值0.01g。

（3）其他：干燥器（通常采用装有氯化钙干燥剂的玻璃干燥缸）、称量盒、削土刀等。

3. 试验步骤

（1）取代表性试样两份，每份15～30g，分别放入称量盒内，立即盖好盒盖，称量。

（2）打开盒盖，将试样和盒放入烘箱，在温度105～110℃下烘到恒量。烘干时间对于黏质土不少于8h；砂类土不少于6h；对含有机质超过10%的土，应将温度控制在65～70℃的恒温下烘至恒量。

（3）将烘干后的试样和盒取出，盖好盒盖放入干燥器内冷却至室温，称干土质量，准确至0.01g。

（4）试验需进行两次平行测定，取其算术平均值，允许平行差值应符合表2.6的规定。

表 2.6　　含水率测定的允许平行差值

含水率/%	<10	10～40	>40
允许平行差值/%	0.5	1.0	2.0

4. 试验记录与成果整理

(1) 试验记录。烘干法含水率试验记录表见表 2.7。

表 2.7　　烘干法含水率试验记录表

试样编号＿＿＿＿＿　试样说明＿＿＿＿＿　试验日期＿＿＿＿＿

试验者＿＿＿＿＿　计算者＿＿＿＿＿　校核者＿＿＿＿＿

次别	盒号	盒质量/g	盒+湿土质量/g	盒+干土质量/g	水质量/g	干土质量/g	含水率/%	平均含水率/%	备注
		(1)	(2)	(3)	(4)=(2)-(3)	(5)=(3)-(1)	(6)=(4)/(5)	(7)	
1									
2									

(2) 成果整理。烘干法含水率根据式 (2.6) 计算。

$$w=\left(\frac{m}{m_d}-1\right)\times 100\% \tag{2.6}$$

式中　w——含水率，%；

m——试样湿土质量，g；

m_d——试样干土质量，g。

5. 试验注意事项

(1) 代表性试样的选取和试样数量，应根据试验目的和要求而定。

(2) 取样后立即盖上盒盖，称量湿土质量，以免水分蒸发。

(3) 烘干试样应放置于干燥环境下冷却后再称量，避免天平受热影响测量精度。

(4) 计算至 0.1%。

2.2.3　酒精燃烧法

1. 试验原理

酒精燃烧法是将酒精加入土中点火燃烧，使土中水分蒸发。利用酒精和水极易混合的特点，把酒精洒在土上，使土中水分溶于酒精，酒精燃烧过程中水分蒸发，将土烧干。

2. 试验仪器

(1) 称量盒。

(2) 天平：称量 200g，分度值 0.01g。

(3) 酒精：纯度 95%。

(4) 其他：滴管、火柴、调土刀等。

3. 试验步骤

(1) 取代表性试样（黏质土 5～10g，砂质土 20～30g），放入称量盒内，称量湿土质量。

（2）用滴管将酒精注入放有试样的称量盒中，直至盒中出现自由液面为止。为使酒精在试样中充分混合均匀，可将盒底在桌面上轻轻敲击。

（3）点燃称量盒中酒精，烧至火焰熄灭。

（4）将试样冷却数分钟，按步骤（2）、（3）再重复燃烧两次。当第3次火焰熄灭后，立即盖好盒盖，称干土质量，准确至0.01g。

（5）本试验需进行两次平行测定，允许平行差值符合表2.6的规定，取算术平均值。

4. 试验记录与成果整理

（1）试验记录。酒精燃烧法含水率试验记录表同于烘干法，见表2.7。

（2）成果整理。酒精燃烧法含水率计算同于烘干法，根据式（2.6）计算。

5. 试验注意事项

（1）试样在称量盒中掰碎散开。

（2）滴入酒精要仔细操作，不要滴在盒外面，没过土样就可以了。

（3）酒精燃烧后应等火焰完全熄灭，冷却数分钟后，再滴入酒精重复燃烧，以免发生意外。

2.2.4 比重法

1. 试验原理

根据比重试验，测定湿土体积，估计土粒比重，间接计算土的含水率。本试验适用于砂类土。

2. 试验仪器

（1）玻璃瓶：容积500mL以上。

（2）天平：称量1000g，分度值0.5g。

（3）其他：漏斗、小勺、吸水球、玻璃片、土样盘及玻璃棒等。

3. 试验步骤

（1）取代表性砂质土试样200～300g，放入土样盘内。

（2）向玻璃瓶中注入清水至1/3左右，然后用漏斗将土样盘中的试样倒入瓶中，并用玻璃棒搅拌1～2min，直到含气完全排出为止。

（3）向瓶中加清水至全部充满，静置1min后用吸水球吸去泡沫，再加清水使其充满，盖上玻璃片，擦干瓶外壁称量。称量应准确至0.5g。

（4）倒去瓶中混合液，洗净，再向瓶中加清水至全部充满，盖上玻璃片，擦干瓶外壁称量。称量应准确至0.5g。

（5）试验需进行2次平行测定，取其算术平均值。

4. 试验记录与成果整理

（1）试验记录。比重法含水率试验记录见表2.8。

（2）成果整理。比重法含水率根据式（2.7）计算。

$$w=\left[\frac{m(G_s-1)}{G_s(m_1-m_2)}-1\right]\times 100\% \tag{2.7}$$

式中　w——砂性土的含水率，%；

m——湿土质量，g；

m_1——瓶＋水＋土＋玻璃片质量，g；

m_2——瓶＋水＋玻璃片质量，g；

G_s——土粒比重。

表 2.8　　比重法含水率试验记录表

试样编号__________　试样描述__________　试验日期__________

试验者__________　计算者__________　校核者__________

土样编号	瓶号	湿土质量/g	瓶＋水＋土＋玻璃片总质量/g	瓶＋水＋玻璃片总质量/g	土粒比重	含水率/%	平均含水率/%	备注

5. 试验注意事项

（1）代表性试样的选取和试样数量，应根据试验目的和要求而定。

（2）含水率计算至 0.1%。

（3）试验需进行 2 次平行测定，取其算术平均值。

思　考　题

1. 含水率试验有哪些试验方法？
2. 简要说明各种含水率测定方法的适用条件。
3. 烘干法试验注意事项有哪些？
4. 含水率的计算公式是什么？
5. 烘干法使用的仪器有哪些？
6. 采用平行试验的目的是什么？

2.3　比　重　试　验

2.3.1　概述

土粒比重定义为土粒在 105～110℃温度下烘至恒量时的质量与同体积 4℃时纯水质量的比值。根据现行国家标准 GB/T 50279—2014《岩土工程基本术语标准》仍使用“土粒比重”这个无量纲的名词，作为土工试验中的专用名词。

1. 试验目的

比重试验目的是测定土粒比重，土粒比重是土的基本物理性质指标之一，是计算孔隙比、孔隙率、饱和度和评价土类的主要指标。

2. 试验方法

按照土粒粒径的不同，分别选用不同的方法进行比重测定。

(1) 对于粒径小于5mm的土，用比重瓶法。

(2) 对于粒径大于或等于5mm的土，其中含粒径大于20mm颗粒小于10%时，用浮称法进行；含粒径大于20mm颗粒等于或大于10%时，用虹吸筒法进行；对粗、细颗粒混合的土，应区别情况进行测定，以不影响准确度为原则。

1) 当其中大于5mm的粗粒含量较少时，可直接用比重瓶法测定，并允许将大于5mm的颗粒敲碎拌和均匀后取样。颗粒敲碎有助于排除孔隙里的空气。

2) 当大于5mm的粗粒含量较多时，根据实际情况分别用浮称法（或虹吸筒法）和比重瓶法测定，再求其加权平均值。

(3) 一般土粒的比重用纯水测定，对含有可溶盐、亲水性胶体或有机质的土，需用中性液体（如煤油）测定。

2.3.2 比重瓶法

1. 试验原理

比重瓶法就是由称好质量的干土放入盛满水的比重瓶的前后质量差异，来计算土粒的体积，从而进一步计算出土粒比重。

2. 试验仪器

(1) 比重瓶：容量100mL（或50mL），分长颈和短颈两种。

(2) 天平：称量200g，分度值0.001g。

(3) 恒温水槽：准确度±1℃。

(4) 砂浴：能调节温度。

(5) 真空抽气设备。

(6) 温度计：测量范围0～50℃，分度值0.5℃。

(7) 其他：烘箱、纯水、中性液体（如煤油等）、孔径2mm及5mm筛、漏斗、滴管等。

3. 试验步骤

(1) 将土样过5mm筛，并取筛下试样烘干，同时烘干比重瓶。将100mL比重瓶烘干，称烘干土15g（当用50mL比重瓶时，称烘干试样10g）装入比重瓶内，称试样和瓶的总质量，准确至0.001g。

(2) 为排除土中的空气，将已装有干土的比重瓶，注纯水至瓶的一半处，摇动比重瓶，并将瓶放在电砂浴上煮沸，煮沸时间自悬液沸腾时算起，砂及砂质粉土不得少于30min；黏土及粉土不得少于1h。煮沸时应注意不使土液溢出瓶外。

(3) 将纯水注入比重瓶，如系长颈比重瓶，注水至略低于瓶的刻度处；如系短颈比重瓶，应注水至近满（有恒温水槽时，可将比重瓶放于恒温水槽内）。待瓶内悬液温度稳定及瓶上部悬液澄清。

(4) 如系长颈比重瓶，用滴管调整液面恰至刻度处（以弯液面下缘为准），擦干瓶外及瓶内壁刻度以上部分的水，称瓶、水、土总质量；如系短颈比重瓶，塞好瓶塞，使多余水分自瓶塞毛细管中溢出，将瓶外壁水分擦干后，称瓶、水、土总质量。称量后立即测瓶内水的温度。

（5）根据测得的温度，从已绘制的温度与瓶、水总质量关系中查得瓶、水总质量。称量应准确至0.001g。

（6）测定含有可溶盐、亲水性胶体或有机质土比重。注入中性液体（如煤油等），放在真空干燥器内用真空抽气法排除土中空气。抽气时真空度应接近1个大气压，抽气时间一般为1～2h，直至悬液内无气泡溢出时为止。其余步骤按试验步骤（3）～（5）进行。

（7）本试验须进行两次平行测定，平行差值不得大于0.02，取其算术平均值。

4. 试验记录与成果整理

（1）试验记录。比重瓶法测比重试验记录表见表2.9。

表2.9　比重瓶法测比重试验记录表

试样编号__________　试样描述__________　试验日期__________

试验者__________　计算者__________　校核者__________

试样编号	比重瓶号	温度/℃	液体比重	比重瓶质量/g	瓶+干土总质量/g	干土质量/g	瓶+液总质量/g	瓶+液+土总质量/g	与干土同体积液体质量/g	比重	平均值
		(1)	(2)查表	(3)	(4)	(5)=(4)−(3)	(6)	(7)	(8)=(5)+(6)−(7)	(9)=(5)×$\frac{(2)}{(8)}$	

（2）成果整理。比重瓶法用纯水测比重，根据式（2.8）计算比重。

$$G_s=\frac{m_d}{m_1+m_d-m_2}G_{wt} \tag{2.8}$$

式中　G_s——土粒比重；

m_d——干土质量，g；

m_1——瓶+水总质量，g；

m_2——瓶+水+土总质量，g；

G_{wt}——t℃时纯水的比重（可查物理手册），准确至0.001。

比重瓶法用中性液体测比重，根据式（2.9）计算比重。

$$G_s=\frac{m_d}{m_1'+m_d-m_2'}G_{kt} \tag{2.9}$$

式中　m_1'——瓶+中性液体总质量，g；

m_2'——瓶+中性液体+土总质量，g；

G_{kt}——t℃时纯水或中性液体的比重，水的比重查表2.10，中性液体的比重应实测，称量应准确至0.001g；

其余符号含义同上。

表 2.10 不同温度时水的比重（近似值）

水温/℃	4.0～12.5	12.5～19.0	19.0～23.5	23.5～27.5	27.5～30.5	30.5～33.0
水的比重	1.000	0.999	0.998	0.997	0.996	0.995

5. 试验注意事项

(1) 排气时应注意煮沸过程中不要使悬液溅出瓶外，控制煮沸温度。

(2) 采用抽气法排气时，应不时晃动比重瓶，使气泡尽快排出。

(3) 称量前将比重瓶擦干，使称量准确。

(4) 试验须进行 2 次平行测定，其平行差值不得大于 0.02，取其算术平均值。

2.3.3 浮称法

1. 试验原理

根据物体在水中失去的质量等于排开同体积水的质量，可测出土粒的体积，从而计算出土粒比重。

2. 试验仪器

(1) 孔径小于 5mm 的铁丝筐，直径约 10～15cm，高约 10～20cm。

(2) 适合铁丝筐沉入用的盛水容器。

(3) 天平或秤：称量 2kg，分度值 0.2g；称量 10kg，分度值 1g。

(4) 其他：烘箱、温度计、孔径 5mm、20mm 筛等。

3. 试验步骤

(1) 将土样过 5mm 筛备用，筛余土样过 20mm 筛，计算粒径大于 20mm 颗粒含量。取粒径大于 5mm 的代表性试样 500～1000g（若用秤称，则称 1～2kg）。

(2) 冲洗试样，直至颗粒表面无尘土和其他污物。

(3) 将试样浸在水中 24h 后取出，立即放入铁丝筐，缓缓浸没于水中，并在水中摇晃，至无气泡逸出时为止。

(4) 称铁丝筐和试样在水中的总质量，准确至 0.2g，如图 2.2 所示。

(5) 取出试样烘干、称量，准确至 0.2g。

(6) 称铁丝筐在水中质量，准确至 0.2g；并立即测量容器内水的温度，准确至 0.5℃。

(7) 试验应进行 2 次平行测定，测定差值不得大于 0.02，取其算术平均值。

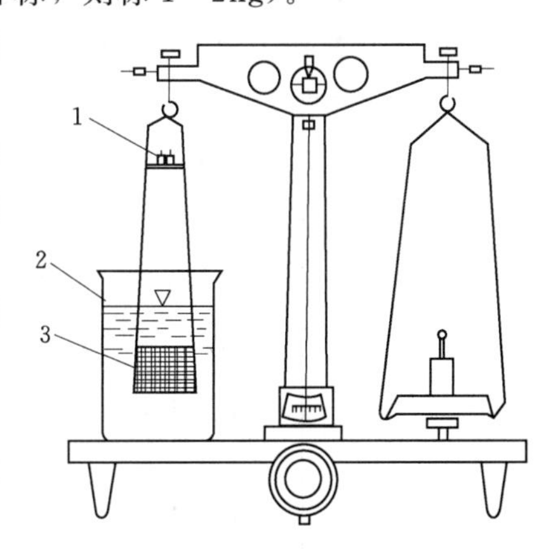

图 2.2 浮称天平

1—平衡砝码盘；2—盛水容器；3—铁丝筐

4. 试验记录与成果整理

(1) 试验记录。浮称法测比重试验记录表见表 2.11。

表 2.11　　浮称法测比重试验记录表

试样编号＿＿＿＿＿　试样描述＿＿＿＿＿　试验日期＿＿＿＿＿

小组编号＿＿＿＿＿　试验者＿＿＿＿＿　合作者＿＿＿＿＿

野外编号	室内编号	温度/℃	水的比重	烘干土质量/g	铁丝筐+试样在水中质量/g	铁丝筐在水中质量/g	试样在水中质量/g	比重	平均值
		(1)	(2) 查表	(3)	(4)	(5)	(6)=(4)−(5)	(7)=$\frac{(3)\times(2)}{(3)-(6)}$	

（2）成果整理。浮称法计算土粒比重根据式（2.10）计算。

$$G_s=\frac{m_d}{m_d-(m_2'-m_1')}G_{wt} \tag{2.10}$$

式中　m_1'——铁丝筐在水中质量，g；

m_2'——试样加铁丝筐在水中总质量，g；

其余符号含义同比重瓶法；计算至 0.001。

计算土粒平均比重根据式（2.11）计算。

$$G_s=\frac{1}{\frac{p_1}{G_{s1}}+\frac{p_2}{G_{s2}}} \tag{2.11}$$

式中　G_{s1}——粒径大于 5mm 土粒的比重；

G_{s2}——粒径小于 5mm 土粒的比重；

p_1——粒径大于 5mm 土粒占总质量的百分数，%；

p_2——粒径小于 5mm 土粒占总质量的百分数，%。

2.3.4　虹吸筒法

1. 试验原理

通过测量土粒排开水的体积测出土粒体积，从而计算出土粒比重。

2. 试验仪器

（1）虹吸筒：如图 2.3 所示。

（2）台秤：称量 10kg，分度值 1g。

（3）量筒：容量大于 2000mL。

（4）其他：烘箱，温度计，孔径 5mm、20mm 的筛等。

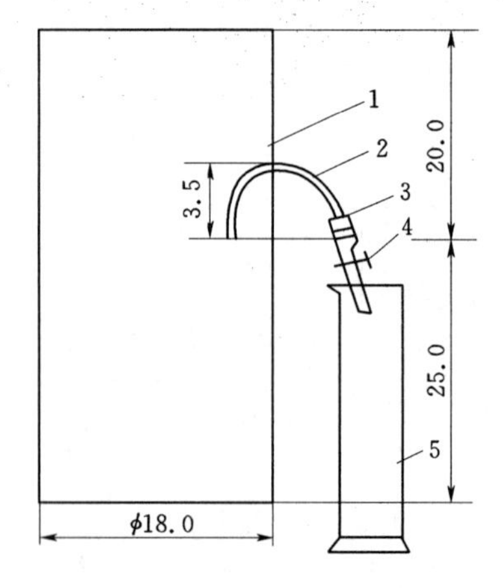

图 2.3　虹吸筒（单位：cm）

1—虹吸筒；2—虹吸管；3—橡皮管；4—管夹；5—量筒

3. 试验步骤

（1）将土样过 5mm 筛备用，筛余土样过 20mm 筛，计算粒径大于 20mm 颗粒含量。取粒径大于 5mm 的代表性试样 1000～7000g。

（2）将试样冲洗，直至颗粒表面无尘土和其他污物。

（3）再将试样浸在水中 24h 后取出，晾干（或用布擦干）其表面水分，称量，准确至 1g。

（4）将清水注入虹吸筒，至管口有水溢出时停止注水。待管口不再有水流出后，关闭管夹，将试样缓缓放入筒中，边放边搅，至无气泡逸出时为止，搅动时勿使水溅出筒外。

（5）待虹吸筒中水面平静后，开管夹，让试样排开的水通过虹吸管流入量筒中。

（6）称量筒与水总质量，准确至 1g。测量筒内水的温度，准确至 0.5℃。

（7）取出虹吸筒内试样，烘干、称量，准确至 1g。

（8）试验进行 2 次平行测定，差值不得大于 0.02。取其算术平均值。

4. 试验记录与成果整理

（1）试验记录。虹吸筒法测比重试验记录表见表 2.12。

表 2.12　　虹吸筒法测比重试验记录表

试样编号＿＿＿＿＿＿　试样说明＿＿＿＿＿＿　试验日期＿＿＿＿＿＿

试验者＿＿＿＿＿＿　计算者＿＿＿＿＿＿　校核者＿＿＿＿＿＿

野外编号	室内编号	温度/℃	水的比重	烘干土质量/g	风干土质量/g	量筒质量/g	量筒＋排开水质量/g	排开水质量/g	吸着水质量/g	比重	平均比重
		(1)	(2)查表	(3)	(4)	(5)	(6)	(7)＝(6)－(5)	(8)＝(4)－(3)	(9)＝$\frac{(3)\times(2)}{(7)-(8)}$	

（2）成果整理。虹吸筒法计算土粒比重根据式（2.12）计算。

$$G_s=\frac{m_d}{(m_1-m_0)-(m-m_d)}G_{wt} \tag{2.12}$$

式中　m——晾干试样质量，g；

m_1——量筒＋水总质量，g；

m_0——量筒质量，g；

其余符号含义同上；计算至 0.001。

根据式（2.11）计算平均比重。

2.3.5 比重瓶校正

1. 比重瓶校正目的

比重瓶的玻璃在不同温度下会产生胀缩。水在不同温度下的密度（比重）也各不相同。因此，比重瓶盛装纯水至一定标记处的总质量随温度而异，比重瓶必须进行校正。比重瓶每年至少校正 1 次，并经常抽查。如发现有误差时，应重新校正。

2. 仪器设备

（1）比重瓶：容量 50mL 及 100mL。

（2）天平：称量 200g，分度值 0.001g。

（3）恒温水槽：准确度±0.5℃。

（4）温度计：刻度范围0～50℃，分度值0.5℃。

（5）其他：纯水、滴管等。

3. 操作步骤

（1）将比重瓶洗净，烘干，称量2次，准确至0.001g。取其算术平均值，2次差值不得大于0.002g。

（2）将事先煮沸并冷却的纯水注入比重瓶，对长颈比重瓶达到刻度处为止。对短颈比重瓶，注满水，塞紧瓶塞，多余水自瓶塞毛细管中溢出。将比重瓶放入恒温水槽。待瓶内水温稳定后，将瓶取出，擦干外壁的水，称瓶、水总质量，准确至0.001g。重复测定2次，取其算术平均值，平行差值不得大于0.002g。

（3）将恒温水槽水温以5℃级差调节，逐级测定不同温度下的瓶、水总质量。

（4）将测定结果列表（表2.13），以瓶、水总质量为横坐标，温度为纵坐标，绘制瓶、水总质量与温度的关系曲线（图2.4）备用。

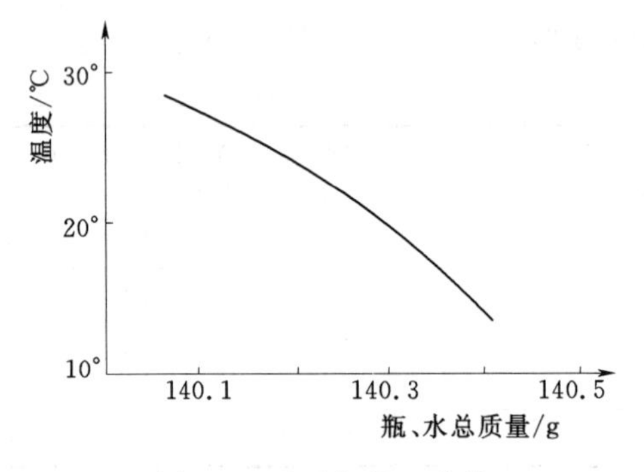

图2.4　比重瓶校正曲线

4. 记录

校正记录格式见表2.13。

表2.13　　比重瓶校正记录表

校正日期＿＿＿＿＿　校正者＿＿＿＿＿　校核者＿＿＿＿＿

瓶号	瓶重/g	温度/℃	瓶＋水总质量/g	平均瓶＋水总质量/g

思考题

1. 简要说明测定土的比重有哪几种试验方法。其各自的适用条件是什么？

2. 简要描述比重试验的基本原理是什么。

3. 为什么要用砂浴加热比重瓶？

4. 试验中为什么土溶液要煮沸或进行抽气？

第3章　土的物理状态指标试验

3.1　黏性土界限含水率（量）试验

3.1.1　概述

1911年瑞典科学家阿太堡（Atterberg）将土从液态过渡到固态的过程分为流动状态、可塑状态、半固态、固态，并规定了各个界限含水率，称为阿太堡限度，分别为液限、塑限和缩限。土由可塑状态转为流动状态的界限含水率称为液限，用符号 w_L 表示；土由可塑状态转为半固态的界限含水率称为塑限，用符号 w_p 表示；土由半固态不断蒸发水分，则体积逐渐缩小，直到体积不再收缩时，对应的界限含水率称为缩限，即土由半固态转为固态的界限含水率，用符号 w_s 表示，低于缩限的土样含水率的减少不会引起土体积的缩小。

1. 试验目的

界限含水率试验的目的是测定细粒土的液限、塑限，用以对黏性土进行分类，判断土的状态，供设计施工使用。

2. 试验方法

测定液限采用液塑限联合测定法、锥式仪法、碟式仪法；测定塑限采用液塑限联合测定法、滚搓法；测定缩限采用收缩皿法。测定界限含水率的试验方法适用于粒径小于0.5mm及有机质含量不大于干土质量5%的土。如果有机质含量在5%～10%之间，仍允许按本方法进行，但必须在记录中注明。本次只介绍液限和塑限的测定方法。

3.1.2　滚搓法（塑限试验）

1. 试验原理

滚搓法试验是用手掌在毛玻璃板上施加一定压力搓滚土条，当土条为实心状态且直径达3mm时，土条表面出现致密裂纹并断裂，此时该土条的含水率即为土试样的塑限。

2. 试验仪器

（1）毛玻璃板：200mm×300mm。

（2）缝隙3mm的模板或直径3mm的金属丝，或卡尺。

（3）天平：称量200g，分度值0.01g。

（4）其他：烘箱，干燥缸，铝盒，筛（孔径0.5mm）等。

3. 试验步骤

（1）取代表性天然含水率试样或过0.5mm筛的代表性风干试样100g，放在盛土皿中加纯水拌匀，盖上湿布，湿润静止过夜。

（2）将制备好的试样在手中揉捏至不粘手，然后将试样捏扁，若出现裂缝，则表示其含水率已接近塑限。

(3) 取接近塑限含水率的试样 8～10g，先用手捏成手指大小的土团（椭圆形或球形)，然后再放在毛玻璃上用手掌轻轻滚搓，滚搓时应以手掌均匀施压于土条上，不得使土条在毛玻璃板上无力滚动，在任何情况下土条不得有空心现象，土条长度不宜大于手掌宽度，在滚搓时不得从手掌下任何一边脱出。

(4) 当土条搓至 3mm 直径时，表面产生许多裂缝，并开始断裂，此时试样的含水率即为塑限。若土条搓至 3mm 直径时，仍未产生裂缝或断裂，表示试样的含水率高于塑限；或者土条直径在大于 3mm 时已开始断裂，表示试样的含水率低于塑限，都应重新取样进行试验。

(5) 取直径 3mm 且有裂缝的土条 3～5g，放入铝盒内，随即盖紧盒盖，测定土条含水率。

4. 试验记录与成果整理

(1) 试验记录。滚搓法塑限测定试验记录表见表 3.1。

表 3.1　滚搓法塑限测定试验记录表

试样编号＿＿＿＿＿　试样说明＿＿＿＿＿　试验日期＿＿＿＿＿

试验者＿＿＿＿＿　计算者＿＿＿＿＿　校核者＿＿＿＿＿

次别	盒号	盒质量/g	盒＋湿土质量/g	盒＋干土质量/g	水质量/g	干土质量/g	塑限/%	塑限平均值/%
1								
2								

(2) 成果整理。滚搓法计算塑限根据式 (3.1) 计算。

$$w_p=\left(\frac{m_1-m_2}{m_2-m_0}\right)\times 100\% \tag{3.1}$$

式中　w_p——塑限，%；

m_1——盒＋湿土质量，g；

m_2——盒＋干土质量，g；

m_0——盒质量，g。

计算至 0.1%。

5. 试验注意事项

(1) 搓滚时手掌在土条上均匀施加压力，不得使土条在毛玻璃板上无力滚动。土条长度不宜超过手掌宽度。在任何情况下，土条不得产生中空现象。

(2) 计算至 0.1%。

(3) 本试验需进行两次平行测定，两次测定的差值，高液限土不得大于 2%；低液限土不得大于 1%。取两次测值的算术平均值。

3.1.3　圆锥仪法（液限试验）

1. 试验原理

将盛土杯置于底座上，将调成均匀的浓糊状土试样装满试杯，土面稍超出杯口，用调土刀刮平杯口表面，将重76g的圆锥仪（锥尖涂有凡士林）的锥尖与试样表面的中心接触，使其在自重作用下沉入试样。若圆锥仪经10s恰好沉入10mm深度，这时杯内土样的含水率就是液限值 w_L。

2. 试验仪器

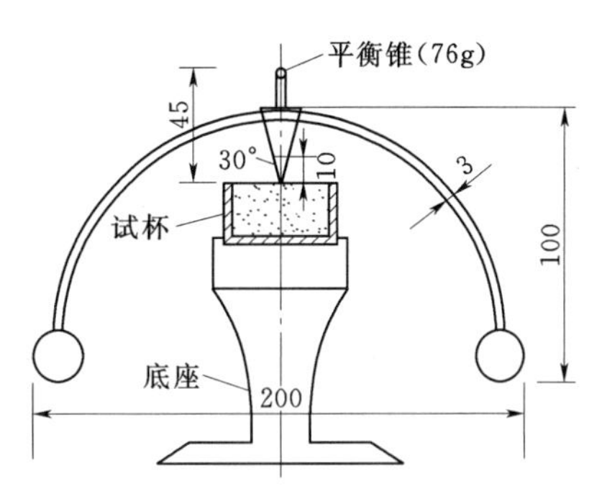

图3.1 锥式液限仪（单位：mm）

（1）锥式液限仪，如图3.1所示。主要由3部分组成：平衡锥，锥身由不锈钢制成，顶角30°，高2.5cm，距锥尖10mm处刻有环状刻线，锥上有手柄，两侧有平衡球，平衡锥共重76g；试杯；底座。

（2）天平：称量200g，分度值0.01g。

（3）烘箱、干燥器。

（4）铝盒、调土碗、调土刀、滴管、蒸馏水、吹风机、凡士林、橡皮板或毛玻璃板、孔径为0.5mm标准筛等设备。

3. 试验步骤

（1）选取具有代表性的天然含水率土样或风干土样，若土中含有较多大于0.5mm的颗粒或夹有多量的杂物时，应将土样风干后用带橡皮头的研杵研碎或用木棒在橡皮板上压碎，然后再过0.5mm的筛。

（2）当采用天然含水率土样时，取代表性土样200g，将试样放在橡皮板上用纯水将土样调成均匀膏状，然后放入调土皿中，盖上湿布，浸润过夜。

（3）将土样用调土刀充分调拌均匀后，分层装入试样杯中，并注意土中不能留有空隙，装满试杯后刮去余土使土样与杯口齐平，并将试样放在底座上。

（4）将圆锥仪擦拭干净，并在锥尖上抹一薄层凡士林，两指捏住圆锥仪手柄，保持锥体垂直，当圆锥仪锥尖与试样表面正好接触时，轻轻松手让锥体自由沉入土中。

（5）放锥后约经10s，锥体入土深度恰好为10mm的圆锥环状刻度线处，此时土的含水率即为液限。

（6）若锥体入土深度超过或小于10mm时，表示试样的含水率高于或低于液限，应该用小刀挖去粘有凡士林的土，然后将试样全部取出，放在橡皮板或毛玻璃板上，根据试样的干、湿情况，适当加纯水或边调边风干重新拌和，然后重复3～5试验步骤。

（7）取出锥体，用小刀挖去粘有凡士林的土，然后取锥孔附近土样约15～30g，放入称量盒内，测定其含水率。

4. 试验记录与成果整理

（1）试验记录。圆锥仪法液限试验记录表见表3.2。

（2）成果整理。圆锥仪法计算液限根据式（3.2）计算。

$$w_L=\left(\frac{m_1-m_2}{m_2-m_0}\right)\times 100\% \tag{3.2}$$

式中 w_L——液限，%；

m_1——盒+湿土质量，g；

m_2——盒+干土质量，g；

m_0——盒质量，g。

表 3.2　　圆锥仪法液限试验记录表

试样编号＿＿＿＿＿　试样说明＿＿＿＿＿　试验日期＿＿＿＿＿

试验者＿＿＿＿＿　计算者＿＿＿＿＿　校核者＿＿＿＿＿

次别	盒号	盒质量 /g	盒＋湿土质量 /g	盒＋干土质量 /g	水质量 /g	干土质量 /g	液限 /%	液限平均值 /%
1								
2								

5. 试验注意事项

(1) 烘干时间：在 105～110℃温度下，粉质黏土及粉土需 6～8h；黏土约需 10h。

(2) 计算至 0.1%。

(3) 本试验需进行两次平行试验，取算术平均值。平行误差高液限土不得大于 2%；低液限土不得大于 1%。

3.1.4　液限、塑限联合测定法

1. 试验原理

液限、塑限联合测定法是根据圆锥仪的圆锥入土深度与其相应的含水率在双对数坐标上具有线性关系的特性来进行的。利用圆锥质量为 76g 的液塑限联合测定仪测得土在不同含水率时的圆锥入土深度，并绘制其关系直线图，在图上查得圆锥下沉深度为 17mm 所对应得含水率即为液限，查得圆锥下沉深度为 2mm 所对应的含水率即为塑限。

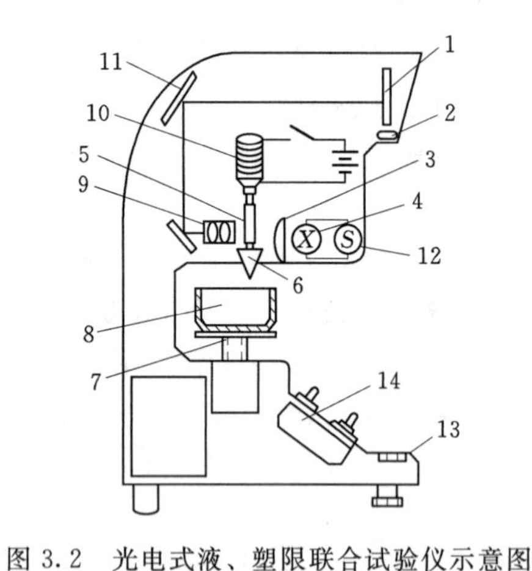

图 3.2　光电式液、塑限联合试验仪示意图
1—屏幕；2—零线调节螺丝；3—聚光镜；4—光源；5—微分尺；6—锥体；7—升降座；8—盛土杯；9—放大镜；10—电磁铁；11—反射镜；12—指示灯及开关；13—水准器；14—线路板

2. 试验仪器

(1) 光电式液、塑限联合试验仪：如图 3.2 所示。其主要部分如下：圆锥仪，包括锥体、微分尺、平衡装置 3 部分，总质量为 76g，锥角为 30°，其顶端磨平，能被磁铁平衡吸住；光学投影放大部分，放大 10 倍，成像清晰；盛土杯，内径 40mm，高 30mm；升降座，可使试样杯升降一定距离。

(2) 天平：称量 200g，分度值 0.01g。

(3) 其他：调土刀、不锈钢杯、凡士林、烘箱、保湿缸、秒表、铝盒、橡皮板、干燥箱等。

3. 试验步骤

(1) 液限、塑限联合试验一般采用天然含水率的土样制备试样，也允许用风干土进行制样。

(2) 当采用天然含水率的土样时，应剔除大于 0.5mm 的颗粒和杂物，取代表性土样

250g 备用。

（3）当采用风干土样时，取通过 0.5mm 筛的代表性土样约 200g，将试样放在橡皮板上，加纯水制成均匀土膏，然后放入密封的保湿缸中，静置一昼夜（本步骤可由实验室完成）。

（4）将土膏用调土刀充分调拌均匀，装填入盛土杯中，注意应使空气逸出，勿使土中存留气泡。高出盛土杯的余土用刮土刀刮平，并将盛土杯放在仪器底座上。

（5）取圆锥仪，在锥体上涂以薄层凡士林，接通电源，使电磁铁吸稳圆锥仪。

（6）调节屏幕准线，使初始读数于零位刻线处，调节升降座，使圆锥仪锥尖刚好接触土面，断开电源，圆锥仪在自重下沉入土内，经 5s 测读圆锥下沉深度。然后挖去锥尖入土处带凡士林的土，取锥尖附近 15～30g 试样 2 个，测定其含水率。测定方法为将取出试样放入铝盒内，立即盖好盒盖称量；揭开盒盖，将试样和盒放入烘箱，在温度 105～110℃下烘至恒量，对于黏性土不少于 8h，砂类土不少于 6h；将烘干后的试样和盒取出，盖好盒盖放入干燥箱内冷却至室温，称干土质量。

（7）将全部试样再加水或吹风并调匀，重复步骤（4）～（6），测试第 2 点、第 3 点的圆锥下沉深度和相应的含水率。液塑限联合测定应不少于 3 点。圆锥入土深度宜为 3～4mm、7～9mm、15～17mm。

（8）根据圆锥沉入深度及相应的含水率在双对数坐标上绘制关系曲线，求得圆锥沉入深度为 17mm 及 2mm 时的相应含水率为液限和塑限。

4. 试验记录与成果整理

（1）试验记录。液限塑限联合测定法试验记录表见表 3.3。

表 3.3　液限塑限联合测定法试验记录表

试样编号＿＿＿＿＿　试样说明＿＿＿＿＿　试验日期＿＿＿＿＿

试验者＿＿＿＿＿　计算者＿＿＿＿＿　校核者＿＿＿＿＿

试样编号						
圆锥入土深度/mm						
盒号						
盒质量/g						
盒＋湿土质量/g						
盒＋干土质量/g						
含水率/%						
平均含水率/%						
液限/%						
塑限/%						

（2）成果整理与绘图。液限塑限联合测定法计算含水率根据式（3.3）计算。

$$w=\frac{m_1-m_2}{m_2-m_0}\times 100\% \tag{3.3}$$

式中　w——含水率，%；

m_1——湿土＋盒质量，g；

m_2——干土＋盒质量，g；

m_0——盒质量，g。

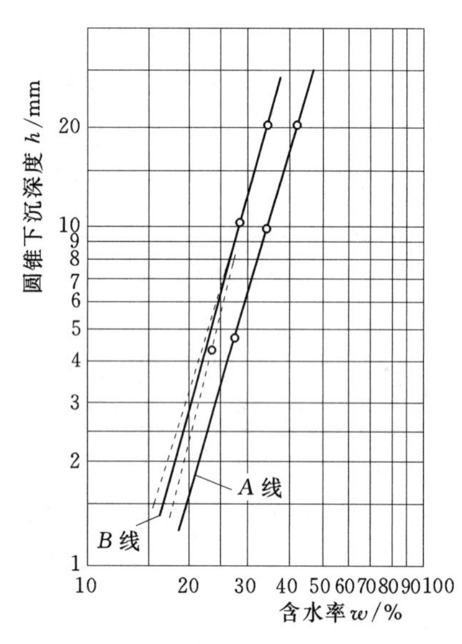

图 3.3　圆锥下沉深度与含水率关系图

以含水率为横坐标，圆锥下沉深度为纵坐标，将 3 个含水率与相应的圆锥下沉深度绘于双对数坐标纸上，3 点连一条直线，如图 3.3 中所示的 A 线。如果 3 点不在一直线上，通过高含水率的一点与其余两点连两直线，在圆锥下沉深度为 2mm 处查得相应的两个含水率，如果差值不超过 2%，用平均值的点与高含水率点作一直线，如图 3.3 中所示的 B 线。若含水率差值大于等于 2%时，应重做试验。

在含水率与圆锥下沉深度的关系曲线上查得下沉深度为 10mm（或 17mm）时，所对应的含水率为液限；查得下沉深度为 2mm 时，所对应的含水率为塑限，以百分数表示，取整数。

5. 试验注意事项

（1）装填土入盛土杯中时，注意应使空气逸出，勿使土中存留气泡。

（2）烘干时间：在 105～110℃温度下，粉质黏土及粉土需 6～8h；黏土约需 10h。

（3）每种含水率设 3 个测点，取平均值作为这种含水率所对应土的圆锥入土深度，如 3 点下沉深度相差太大，则必须重新调试土样。

思　考　题

1. 解释液限、塑限、塑性指数和液性指数的概念。

2. 土的界限含水率有哪几种？其物理意义是什么？

3. 塑限试验过程中，如果施加的滚搓力不够均匀，土条常会出现空心现象，试分析此现象对实验结果的影响。

4. 界限含水率试验适用于什么土？

5. 如何应用液性指数 I_L 来评价土的工程性质？

6. 塑性指数 I_p 越大，说明土中细颗粒含量越大，而土处于可塑状态下的含水率范围越大，这种说法正确吗？

7. 请简述液限、塑限联合测定法的全过程。

8. 表 3.4 是 3 种土进行颗分与液限、塑限试验的结果，试根据表中数据绘制黏粒含量与液限、塑限关系曲线，并根据塑性指数的大小对土进行分类。

表 3.4 液限、塑限联合测定试验数据表

土样编号	黏粒含量（<0.005mm）/%	液限/%	塑限/%
Ⅰ	30	45	20
Ⅱ	20	30	15
Ⅲ	10	15	8

3.2 砂土相对密度试验

3.2.1 试验目的

试验目的是测定砂土的最小干密度和最大干密度，求出最大孔隙比和最小孔隙比，用于计算无黏性土的相对密实度（D_r），判别天然状态下砂土的密实度，判断砂土所处的物理状态，为土工建筑设计、施工、质量控制等提供依据。

3.2.2 试验原理

相对密度试验适用于透水性良好的无黏性土，是无黏性土处于最松状态的孔隙比与天然孔隙比之差和最松状态与最紧状态孔隙比之差的比值。最大孔隙比试验宜采用漏斗法和量筒法，即将砂土倒入漏斗中，通过漏斗使颗粒分散后再轻轻落入量筒中，从而求出试样的最大体积，计算最小干密度，进而计算最大孔隙比；最小孔隙比试验采用振动锤击法，即用一定质量的击锤，从适当的高度下落击实砂土，测量其最紧密状态体积，计算最大干密度，得出最小孔隙比。

3.2.3 试验仪器设备

1. 最大孔隙比试验仪器设备

（1）量筒：容积为500mL及1000mL两种，后者内径应大于6cm。

（2）长颈漏斗：如图3.4所示，颈管内径约1.2cm，颈口磨平。

（3）锥形塞：直径约1.5cm的圆锥体镶于铁杆上。

（4）砂面拂平器：如图3.4所示。

（5）天平：称量1000g，分度值1g。

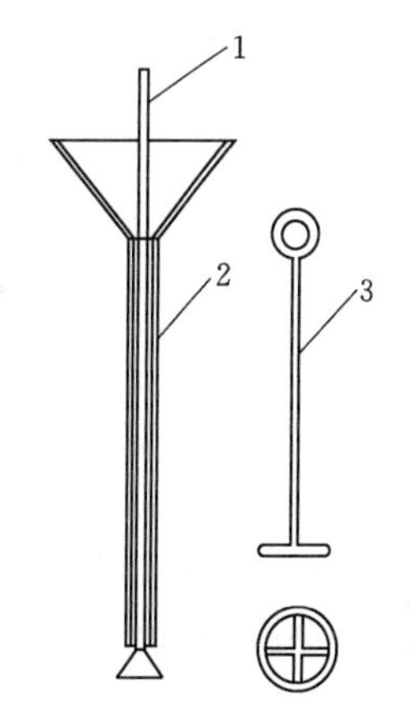

图3.4 长颈漏斗及拂平器
1—锥形塞；2—长颈漏斗；3—砂面拂平器

2. 最小孔隙比试验仪器设备

（1）金属容器两种：容积250mL，内径5cm，高12.7cm；容积1000mL，内径10cm，高12.75cm。

（2）振动叉：如图3.5所示。

（3）击锤：锤质量1.25kg，落高15cm，锤底直径5cm，如图3.6所示。

（4）台秤：称量 5000g，分度值 1g。

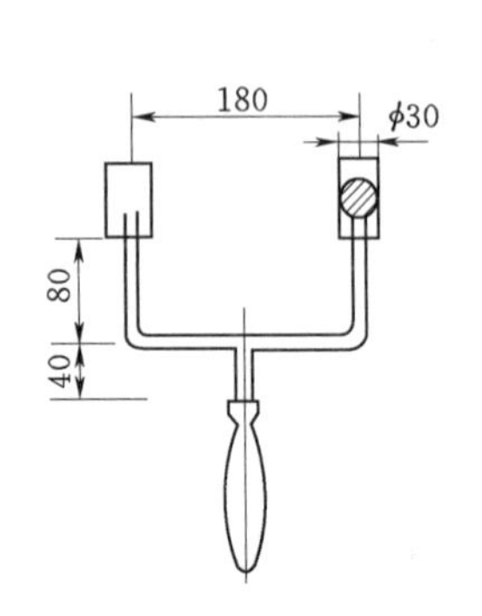

图 3.5　振动叉（单位：mm）

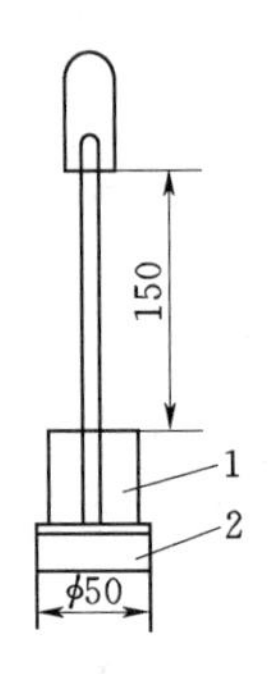

图 3.6　击锤（单位：mm）
1—击锤；2—锤座

3.2.4　试验步骤

1. 最大孔隙比（最小干密度）测定

（1）取代表性的烘干或充分风干试样约 1.5kg，用手搓揉或用圆木棍在橡皮板上碾散，并拌和均匀。将锥形塞杆自长颈漏斗下口穿入，并向上提起，使锥底堵住漏斗管口，一并放入 1000mL 的量筒内，使其下端与量筒底接触。

（2）称取烘干的代表性试样 700g，准确至 1g，均匀缓慢地倒入漏斗中，将漏斗和锥形塞杆同时提高，移动塞杆，使锥体略离开管口，管口应经常保持高出砂面 1～2cm，使试样缓慢且均匀分布地落入量筒中。试样全部落入量筒后，取出漏斗和锥形塞，用砂面拂平器将砂面拂平，测试样体积，估读至 5mL。

（3）用手掌或橡皮板堵住量筒口，将量筒倒转并缓慢地转回到原来位置，重复数次，测记试样在量筒内所占体积的最大值，估读至 5mL。取上述两种方法测得的较大体积值，计算最大孔隙比及最小干密度。

2. 最小孔隙比（最大干密度）测定

（1）取代表性的试样约 4kg，用手搓揉或用圆木棍在橡皮板上碾散，并拌和均匀。分 3 次倒入金属圆筒进行振击，每层试样为圆筒容积的 1/3，试样倒入圆筒后用振动叉以每分钟往返 150～200 次的速度敲打圆筒两侧，并在同一时间内用击锤锤击试样，每分钟 30～60 次，直至试样体积不变为止（一般击 5～10min）。如此重复第 2、第 3 层，第 3 次装样时应先在容器口上安装套环。

（2）最后一次振毕，取下套环，用修土刀齐容器顶面削去多余试样，称容器内试样质量，准确至 1g，并记录试样体积，计算其最小孔隙比及最大干密度。

3.2.5　试验记录

相对密度试验记录表见表 3.5。

3.2.6　成果整理

1. 计算最小干密度和最大孔隙比

根据式（3.4）计算砂的最小干密度：

$$\rho_{d\min}=\frac{m_d}{V_{\max}} \tag{3.4}$$

式中 $\rho_{d\min}$——试样的最小干密度，g/cm^3；

m_d——试样干土质量，g；

$V_{\max}$——试样的最大体积，cm^3。

表 3.5　　相对密度试验记录表

试样编号＿＿＿＿　试样说明＿＿＿＿　试验日期＿＿＿＿

试验者＿＿＿＿　计算者＿＿＿＿　校核者＿＿＿＿

试验项目	试验方法	试样+容器质量/g	容器质量/g	试样质量/g	试样体积/cm^3	干密度/(g/cm^3)	平均干密度/(g/cm^3)	比重 G_s	孔隙比 e	天然干密度/(g/cm^3)	天然孔隙比 e_0	相对密度 D_r
		(1)	(2)	(3)	(4)	(5)	(6)	(7)	(8)	(9)	(10)	(11)
				(1)−(2)		(3)/(4)						
最大孔隙比	漏斗法											
最小孔隙比	振打法											

根据式（3.5）计算砂的最大孔隙比：

$$e_{\max}=\frac{\rho_w G_s}{\rho_{d\min}}-1 \tag{3.5}$$

式中 $e_{\max}$——试样的最大孔隙比；

ρ_w——水的密度，g/cm^3；

G_s——土粒比重。

2. 计算最大干密度和最小孔隙比

根据式（3.6）计算砂的最大干密度：

$$\rho_{d\max}=\frac{m_d}{V_{\min}} \tag{3.6}$$

式中 $\rho_{d\max}$——砂的最大干密度，g/cm^3；

m_d——试样干土质量，g；

$V_{\min}$——试样的最小体积，cm^3。

根据式（3.7）计算砂的最小孔隙比：

$$e_{\min}=\frac{\rho_w G_s}{\rho_{d\max}}-1 \tag{3.7}$$

式中 $e_{\min}$——最小孔隙比；

ρ_w——水的密度，g/cm^3；

G_s——土粒比重。

3. 砂的相对密度 D_r 计算

根据式（3.8）或式（3.9）计算砂的相对密度 D_r：

$$D_r=\frac{e_{\max}-e}{e_{\max}-e_{\min}} \tag{3.8}$$

或

$$D_r=\frac{\rho_{d\max}(\rho_d-\rho_{d\min})}{\rho_d(\rho_{d\max}-\rho_{d\min})} \tag{3.9}$$

式中　e——砂的天然孔隙比；

ρ_d——天然干密度或要求干密度，g/cm^3。

3.2.7　试验注意事项

（1）在砂土的最小干密度试验中，由于受漏斗管径的限制，较大的粗颗粒受到堵塞；而采用较大管径的漏斗，又不易控制砂土的缓慢流出，故本试验方法适用于粒径小于5mm 的砂土。

（2）用振动锤击联合法测定砂土的最大干密度时，需尽量避免由于振动功能不同而产生的人为误差。振击时，击锤应提高至规定高度并自由下落。在水平振击时，容器周围均有相等数量的振击点。

（3）砂土的最大孔隙比和最小孔隙比必须进行两次平行测定，两次测定的密度差值不得大于 0.03g/cm^3，并取两次测值的平均值。

思　考　题

1. 请解释砂土的最小干密度和最大干密度的概念。
2. 如何判别无黏性土所处的物理状态？

第4章　土的力学性质指标试验

4.1　渗　透　试　验

水的渗透会引起土体内部应力状态及土的基本性质发生变化，对于天然地基的强度、稳定、建筑物固结变形及基础施工；对土坝坝身、坝基及渠道渗流量计算；对水工建筑物边坡稳定、基坑施工都有非常重要影响。而渗透系数是划分土透水强弱的标准和选择坝体建筑土料的依据。如选择筑坝土料时，常将渗透系数较小的土（K 为 $10^{-5}\sim10^{-6}$cm/s）用于填筑坝体的防渗部位，而将渗透系数较大的土（$K>10^{-3}$cm/s）填筑在坝体的其他部位（如坝壳等）。

4.1.1　概述

1. 试验目的

渗透试验的目的就是测定土的渗透系数（K），其值的大小反映土渗透性的强弱，是常用的一个力学计算指标，用于土的渗透计算和供建造土坝时选土料之用。

2. 试验方法

在实验室内测定土的渗透系数方法很多。根据其原理，可分为常水头和变水头两种。常水头试验适用于透水性较强的粗粒土（$d>0.075$mm），如砾石和砂土等粗粒土。变水头渗透试验适用于透水性较弱的细粒土（$d<0.075$mm），如黏土、粉土等细粒土。

4.1.2　常水头渗透试验

1. 试验原理

常水头试验的意义就是在整个试验过程中保持土试样两端水头不变，即水头差为常数。其试验装置示意图如图4.1所示，L 为试样厚度，A 为试样截面积，h 为常水头渗透仪中试样两端的水位差。这三者可在试验前直接测定。试验时用量水杯和秒表测出某时间间隔 t 内流过土样的总水量 Q，即可根据达西定律求出渗透系数 K。

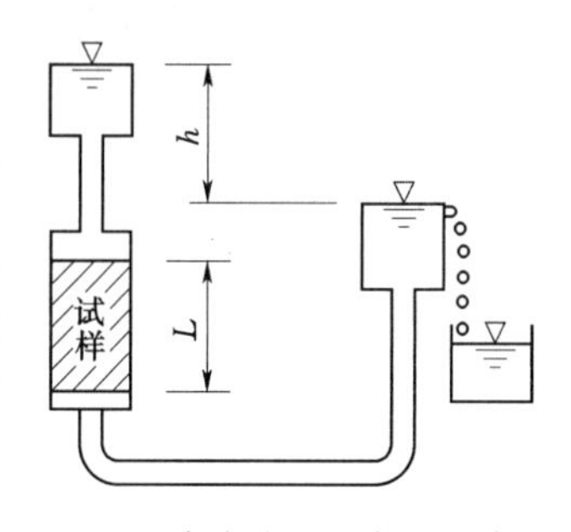

图4.1　常水头试验装置示意图

根据达西定律：

$$Q=qt=KiAt \tag{4.1}$$

得

$$K=\frac{QL}{Aht} \tag{4.2}$$

式中　K——渗透系数，cm/s；

A——试样截面积，cm^2；

L——渗径长度（即试样高度），cm；

Q——t 秒时间内总渗透水量，cm^3；

h——常水头，cm；

i——水力梯度，为单位渗流长度上的水头损失，$i=h/L$。

2. 试验仪器

（1）如图 4.2 所示 70 型渗透仪，包括装样筒、测压板、供水瓶及量筒等。

（2）天平：称量 5000g，分度值 1.0g。

（3）其他：木锤、秒表、温度计等。

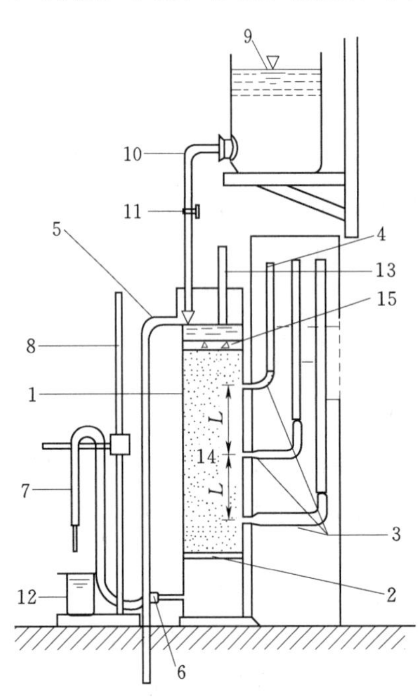

图 4.2　常水头渗透仪装置（70 型渗透仪）

1—封底金属圆筒；2—金属孔板；3—测压孔；4—玻璃测压管；5—溢水孔；6—渗水孔；7—调节管；8—滑动支架；9—容量为 5000mL 的供水瓶；10—供水管；11—止水夹；12—容量为 500mL 的量筒；13—温度计；14—试样；15—砾石层

3. 试验步骤

（1）将调节管与供水管连通，由仪器底部充水至水位略高于金属孔板，关止水夹。

（2）取具有代表性的风干土试样 3～4kg，称量准确至 1.0g，并测定试样的风干含水率。

（3）将试样分层装入仪器，每层厚 2～3cm，用木槌轻轻击实，以控制其密度。每层试样装好后，微开止水夹，使试样逐渐饱和，至水面与试样顶面齐平，关止水夹。饱和时水流不应过急，以免冲动试样。

（4）依上述步骤逐层装样，并进行饱和，直至试样高出上测压孔 3～4cm 为止，在试样上端铺约 2cm 厚的砾石作缓冲层，等最后一层试样饱和，水从溢水孔流出时，关止水夹。

（5）试样装好后量测试样顶面至仪器上口的剩余高度，计算试样净高，称剩余试样质量，准确至 1.0g。计算装入试样的总质量。

（6）静置数分钟后，检查各测压管水位是否与溢水孔齐平，如不齐平，说明试样中或测压管接头处有集气阻隔，可用吸水球对准水位低的测压管口进行吸水排气。提高调节管使其高于溢水孔，然后将调节管与供水管分开，并将供水管置于装样筒内，开止水夹，使水由上部注入筒内。

（7）降低调节管口，使其位于试样上部 1/3 处，造成水位差，水即渗过试样，经调节管流出。在渗透过程中，使供水管流量略多于渗出水量，溢水孔始终有水溢出，以保持常水位。

（8）测压管水位稳定后，记录测压管水位，计算各测压管间的水位差 h。记录 3 个测压管水位 H_1、H_2、H_3，则测压管Ⅰ和Ⅱ的水位差为 $h_1=H_1-H_2$，测压管Ⅱ和Ⅲ的水位差为 $h_2=H_2-H_3$。计算平均水位差 $H=(h_1+h_2)/2=(H_1-H_3)/2$（渗径长度 $L=$

10cm)。开动秒表，同时用量筒接取经一定时间 t 的渗透水量 Q；并重复一次，接取渗透水量时，调节管口不可没入水中。

(9) 测记进水与出水处的水温，取平均值（水温宜高于室温 3～4℃）。

(10) 降低调节管口至试样中部及下部 1/3 处，以改变水力梯度，按步骤 (7)～(9) 进行平行测定 5～6 次试验。

(11) 按式 (4.6) 计算每次量测的水温 T(℃) 时的渗透系数 K_T。

(12) 将上述测定的 t、Q、h、L 等值代入式 (4.2)，即可求得渗透系数 K 值。

4. 试验记录

常水头试验记录表见表 4.1。

表 4.1　　常水头试验记录表

试样编号__________ 试样说明__________ 试验日期__________

试验者__________ 计算者__________ 校核者__________

试验次数	经过时间 t /s	测压管水位 /cm			水位差 /cm			水力梯度 i	渗透水量 Q /cm³	渗透系数 K_T /(cm/s)	平均水温 /℃	校正系数 $\frac{\eta_T}{\eta_{20}}$	水温20℃渗透系数 K_{20} /(cm/s)	平均渗透系数 $\overline{K}_{20}$ /(cm/s)
		Ⅰ管	Ⅱ管	Ⅲ管	h_1	h_2	平均							
	(1)	(2)	(3)	(4)	(5)	(6)	(7)	(8)	(9)	(10)	(11)	(12)	(13)	(14)
					(2)−(3)	(3)−(4)	$\frac{(5)+(6)}{2}$	$\frac{(7)}{L}$		$\frac{(9)}{A\times(8)\times(1)}$			(10)×(12)	$\frac{\sum(13)}{n}$

5. 试验成果整理

(1) 根据式 (4.3) ～式 (4.5) 分别计算试样的干质量 m_d、干密度 ρ_d 及孔隙比 e。

$$m_d=\frac{m}{1+0.01w} \tag{4.3}$$

$$\rho_d=\frac{m_d}{Ah} \tag{4.4}$$

$$e=\frac{\rho_w G_s}{\rho_d}-1 \tag{4.5}$$

式中 m_d——试样干质量，g；

m——风干试样总质量，g；

A——试样断面积，cm²；

h——试样高度，cm；

w——风干含水率，%；

e——试样孔隙比；

ρ_d——试样干密度，g/cm³；

G_s——土粒比重。

（2）根据式（4.6）、式（4.7）分别计算渗透系数 K_T 及 K_{20}。

$$K_T=\frac{QL}{AHt} \tag{4.6}$$

$$K_{20}=K_T\frac{\eta_T}{\eta_{20}} \tag{4.7}$$

式中　L——两测压管中心间距离，10cm；

H——平均水位差，cm；

Q——时间 t 秒内的渗透水量，cm³；

A——试样断面积，cm²；

t——时间，s；

K_T、K_{20}——水温 T℃、20℃时试样的渗透系数，cm/s；

η_T、η_{20}——T℃、20℃时水的动力黏滞系数，10^{-6}kPa·s。

黏滞系数比值 η_T/η_{20} 与温度的关系，其取值见表 4.2。

表 4.2　水的动力黏滞系数、黏滞系数比

温度/℃	动力黏滞系数 η /($\times10^{-6}$kPa·s)	η_T/η_{20}	温度/℃	动力黏滞系数 η /($\times10^{-6}$kPa·s)	η_T/η_{20}
5.0	1.516	1.501	14.0	1.175	1.163
5.5	1.463	1.478	14.5	1.160	1.148
6.0	1.470	1.455	15.0	1.144	1.133
6.5	1.449	1.435	15.5	1.130	1.119
7.0	1.428	1.414	16.0	1.115	1.104
7.5	1.407	1.393	16.5	1.101	1.090
8.0	1.387	1.373	17.0	1.088	1.077
8.5	1.367	1.353	17.5	1.074	1.066
9.0	1.347	1.334	18.0	1.061	1.050
9.5	1.328	1.315	18.5	1.048	1.038
10.0	1.310	1.297	19.0	1.035	1.025
10.5	1.292	1.279	19.5	1.022	1.012
11.0	1.274	1.261	20.0	1.010	1.000
11.5	1.256	1.243	20.5	0.998	0.988
12.0	1.239	1.227	21.0	0.986	0.976
12.5	1.223	1.211	21.5	0.974	0.964
13.0	1.206	1.194	22.0	0.963	0.953
13.5	1.188	1.176	22.5	0.952	0.943

续表

温度 /℃	动力黏滞系数 η /($\times10^{-6}$kPa·s)	η_T/η_{20}	温度 /℃	动力黏滞系数 η /($\times10^{-6}$kPa·s)	η_T/η_{20}
23.0	0.941	0.932	30.0	0.806	0.798
24.0	0.919	0.910	31.0	0.798	0.781
25.0	0.899	0.890	32.0	0.773	0.765
26.0	0.879	0.870	33.0	0.757	0.750
27.0	0.859	0.850	34.0	0.742	0.735
28.0	0.841	0.833	35.0	0.727	0.720
29.0	0.823	0.815			

6. 试验注意事项

(1) 装砂前要检查渗透仪测压孔是否堵塞，测压管是否畅通。

(2) 试验时各测压管水位应与溢水孔齐平，如不齐平，试样中或水位低的测压管有集气现象，应吸水排气。

(3) 干砂饱和时，必须将调节管接通水源让砂饱和。

(4) 本试验以水温 20℃为标准温度，标准温度下的渗透系数按式 (4.7) 计算。

(5) 在测得的结果中取 3～4 个允许误差范围以内的数值，计算平均值作为试样在该孔隙比 e 时的渗透系数（允许差值不大于 2×10^{-n}cm/s)。

(6) 当进行不同孔隙比下的渗透试验时，可在半对数坐标上绘制以孔隙比 e 为纵坐标、渗透系数 K 为横坐标的 $e-K$ 关系曲线图，如图 4.3 所示。

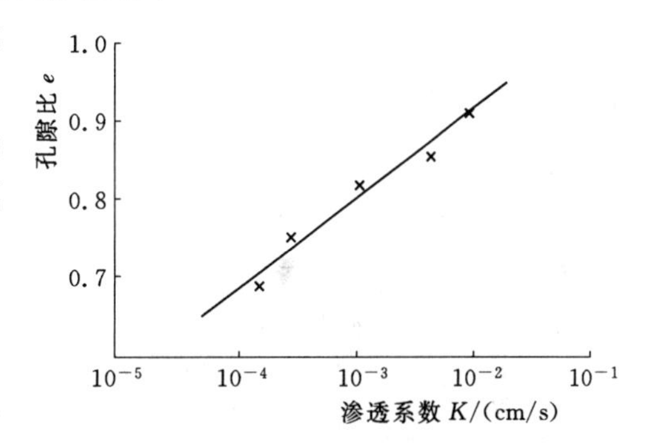

图 4.3 孔隙比 e 与渗透系数 K 关系曲线

4.1.3 变水头渗透试验

1. 试验原理

变水头试验常用来测定渗透系数很小细粒土的渗透系数，其实验装置示意图如图 4.4 所示。变水头试验就是在整个试验过程中，水头差随时间而变化的方法。试验过程中，某任一时间 t 作用于土样的水头为 h，经过 dt 时间间隔以后，测压管（截面积为 a）的水位降落 dh，则从时间 t 至 $t+$dt 时间间隔内流经土样的水量 dQ 为

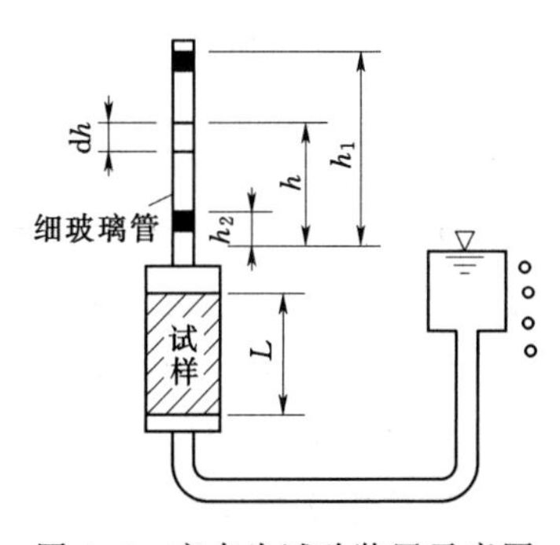

图 4.4 变水头试验装置示意图

$$dQ=-a\,dh$$

式中，负号表示水量 Q 随水头 h 的降低而增加。

根据达西定律，在 dt 时间间隔流经式样的水量 dQ 可由下式表示

$$dQ = kiA\,dt = k\frac{h}{L}A\,dt$$

或

$$dt = -\frac{aL\,dh}{kAh}$$

将两边积分得

$$\int_{t_1}^{t_2} dt = -\int_{h_1}^{h_2} \frac{aL\,dh}{kAh}$$

$$t_2 - t_1 = \frac{aL}{kA}\ln\frac{h_1}{h_2}$$

$$k = \frac{aL}{A(t_2 - t_1)}\ln\frac{h_1}{h_2} \tag{4.8}$$

或者改为常用对数表示，则

$$k = 2.3\frac{aL}{A(t_2 - t_1)}\lg\frac{h_1}{h_2} \tag{4.9}$$

式中　k——渗透系数，cm/s；

a——测压管截面积，cm^2；

h_1——起始水头，cm；

h_2——经时间（$t_2 - t_1$）后的水头，cm；

A——试样截面积，cm^2；

L——渗径（即试样高度），cm；

t_1——起始时间，s；

t_2——终止时间，s。

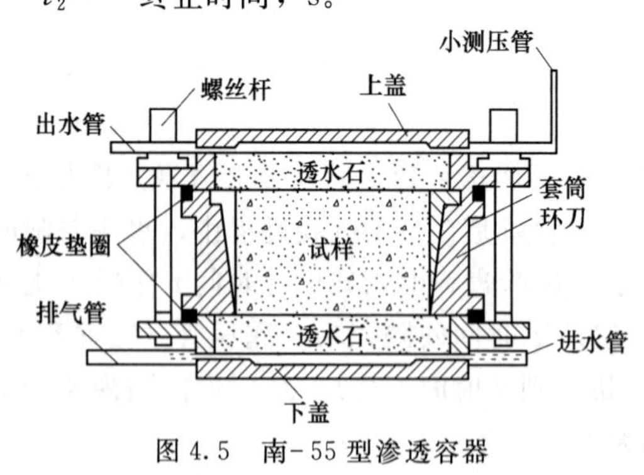

图 4.5　南-55 型渗透容器

2. 试验仪器

（1）南-55 型渗透仪，其渗透容器如图 4.5 所示，变水头渗透装置如图 4.6 所示。测压管的内径应均匀，且不大于 1cm，测压管装在精度为 1.0mm 刻尺上。

（2）附用设备：切土器、100mL 量筒、秒表、温度计、削土刀、钢丝锯、凡士林等。

3. 试验步骤

（1）切取试样。用环刀垂直或平行土样层面（视测定土层垂直或水平渗透系数而定）切取原状试样，或按给定密度制备击实试样。试样需饱和，饱和过程由实验室完成。切取原状土试样的装满度和仔细程度与试验成果的精度有很大关系，因此，在切取土样时应尽

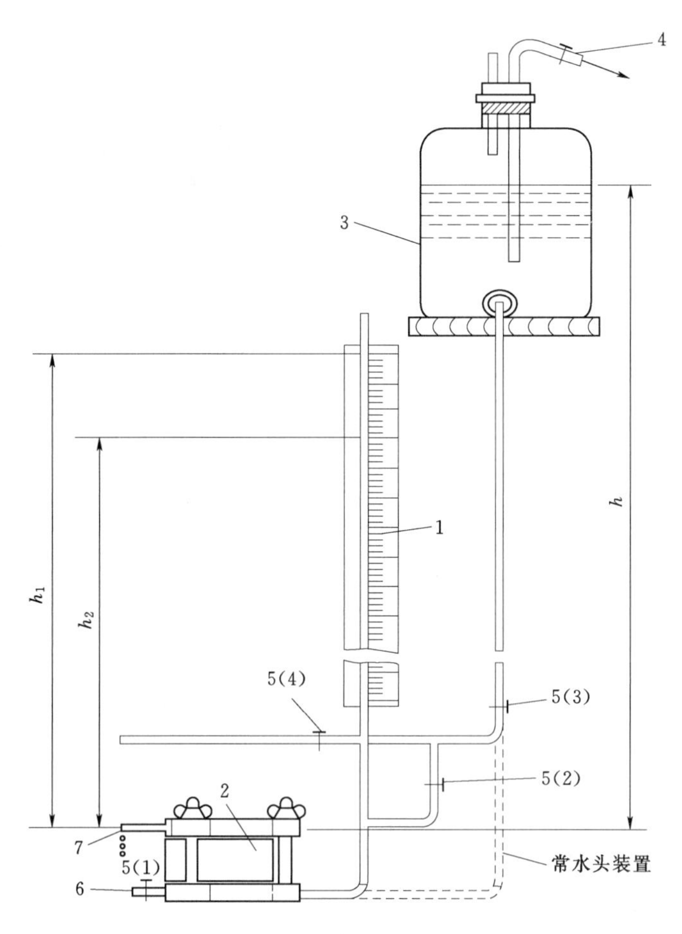

图 4.6 变水头渗透装置

1—变水头管；2—渗透容器；3—供水瓶；4—接水源、管；
5—进水管夹；6—排气管；7—出水管

量避免结构扰动。宜先整平土样的上下两面，在环刀内壁涂一薄层凡士林，然后略加压力，将环刀平稳地垂直压下少许（切忌很快压入，应双手均匀加压，并保持试样与环刀密合）；再将环刀以下的土样侧面削去一层，使与环刀刃口相接处的土样直径只略大于环刀外径；如此边压边修，直到试样突出环刀为止。最后用长度大于环刀直径的削土刀（或钢丝锯）从环刀半圆处分别向两边慢慢地削去突出的多余土样，直至两端平整为止。在削去表面余土过程中不要用削土刀反复涂抹试样表面，以免土样表面的孔隙被堵塞或试样遭受扰动，影响试验结果。如修成的试样不符合要求，应重新切取。

（2）将渗透容器套筒内壁涂上一薄层凡士林，然后将装有试样的环刀推入套筒并压入止水垫圈。刮去挤出的凡士林。装好带有透水石和垫圈的上下盖，并且用螺丝拧紧，避免漏气、漏水。

（3）把装好试样的容器进水口与供水装置连通。关止水夹，使供水瓶注满水，直至供水瓶的排气孔有水溢出时为止。

（4）把容器侧立，排气管向上，并打开排气管管夹。然后打开止水夹及进水口管夹，排除容器底部的空气，直至水中无夹带气泡溢出为止。关闭排气管管夹，并放平渗透容器。

（5）向变水头管注水，使水位升至预定高度，待水位稳定后，打开进水夹，使水通过试样，当容器上盖出水管有水溢出时开始测记，开动秒表，同时测记起始水头 h_1，经过时间 t 后，再测记终止水头 h_2（每次测定的水头差应大于 10cm），如此连续测记 2～3 次后，再使水头管水位回升至需要高度，连续记数次，6 次以上试验终止。同时测记试验开始与终止时出水口的水温。

4. 试验记录

变水头试验记录表见表 4.3。

表 4.3　　变水头试验记录表

试样编号________　试样说明________　试验日期________

试验者________　计算者________　校核者________

开始时间 t_1 /s	结束时间 t_2 /s	经过时间 t /s	开始水头 h_1 /cm	结束水头 h_2 /cm	$2.3\frac{aL}{At}$	$\lg\frac{h_1}{h_2}$	T℃时渗透系数 K_T /(cm/s)	水温 /℃	校正系数比 η_T/η_{20}	20℃时渗透系数 K_{20} /(cm/s)	平均渗透系数 $\overline{K}_{20}$ /(cm/s)
(1)	(2)	(3)	(4)	(5)	(6)	(7)	(8)	(9)	(10)	(11)	(12)
		(2)−(1)			$2.3\frac{aL}{A(3)}$	$\lg\frac{(4)}{(5)}$	(6)×(7)			(8)×(10)	

5. 试验成果整理

（1）根据式（4.10）计算 T℃时的渗透系数。

$$K_T = 2.3\frac{aL}{At}\lg\frac{h_1}{h_2} \tag{4.10}$$

式中　a——变水头测压管截面积，cm^2；

L——渗径长度（即试样高度），cm；

h_1——起始水头，cm；

h_2——经过时间（t_1-t_2）终止时水头，cm；

其余符号意义同前。

（2）根据式（4.7）计算水温 20℃时的渗透系数 K_{20}。

即
$$K_{20} = K_T\frac{\eta_T}{\eta_{20}}$$

6. 试验注意事项

（1）试验前将环刀边要套橡皮胶圈或涂一层凡士林以防漏水，透水石需要用开水浸泡。

（2）滤纸先用水浸泡再安装试样，尽量减少集气。

（3）环刀取试样时，切取土样应仔细操作，避免土样扰动，并禁止用削土刀反复涂抹试样表面。

（4）当测定黏性土时，土样侧面与环刀之间不能有空隙，特别注意不能允许水从环刀与土之间的孔隙中流过，以免产生假象。

（5）本试验以水温 20℃为标准温度，标准温度下的渗透系数按式（4.7）计算。

思　考　题

1. 请解释影响土的渗透性的因素有哪些。
2. 简要说明常水头渗透试验和变水头渗透试验有哪些区别。各自适用于什么土体？
3. 何谓达西渗透定律？它的适用条件是什么？
4. 请解释室内渗透试验方法的优缺点有哪些？
5. 简要说明渗透试验为什么要用饱和试样。

4.2 固结（压缩）试验

4.2.1 试验目的

测定试样在侧限与轴向排水条件下的压缩变形 Δh 和荷载 P 或孔隙比和压力的关系，以便计算土的压缩系数 a_v、压缩指数 C_c、回弹指数 C_s、压缩模量 E_s、固结系数 C_v 及原状土的先期固结压力 p_c 等。为估算建筑物沉降量及历经不同时间的固结度提供必备的计算参数等。

4.2.2 试验原理

土的压缩性主要是由于孔隙体积减小而引起的。在饱和土中，水具有流动性，在外力作用下沿着土中孔隙排出，从而引起土体积减小而发生压缩，试验时由于金属环刀及刚性护环所限，土样在压力作用下只能在竖向产生压缩，而不可能产生侧向变形，故称为侧限压缩。

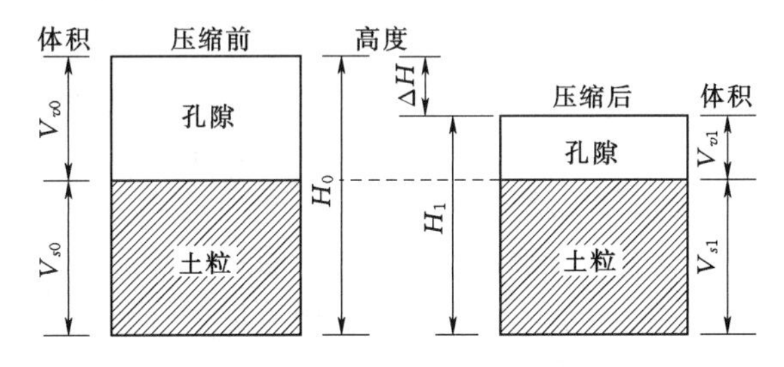

图 4.7　压缩前后土的体积变化示意图

设加压前土样的高度为 H_0，面积为 A，土样的体积为 V_0，颗粒体积为 V_{s0}，孔隙体积为 V_{v0}。压缩前后土的体积变化示意图如图 4.7 所示。

根据图 4.7 可得

$$\frac{H_0-H_1}{H_0}=\frac{(H_0-H_1)A}{H_0A}=\frac{V_0-V_1}{V_0}=\frac{(V_{s0}+V_{v0})-(V_{s1}+V_{v1})}{V_{s0}+V_{v0}}$$

由于土粒的压缩量常可忽略不计，认为 $V_{s0}=V_{s1}$，代入上式得

$$\frac{H_0-H_1}{H_0}=\frac{\Delta H}{H_0}=\frac{V_{v0}-V_{v1}}{V_{s0}+V_{v0}}=\frac{\dfrac{V_{v0}}{V_{s0}}-\dfrac{V_{v1}}{V_{s0}}}{\dfrac{V_{s0}}{V_{s0}}+\dfrac{V_{v0}}{V_{s0}}}=\frac{e_0-e_1}{1+e_0} \tag{4.11}$$

即

$$e_1=e_0-\frac{\Delta H}{H_0}(1+e_0) \tag{4.12}$$

通过试验测得稳定压缩量 ΔH 后，就可以由式（4.12）求得相应的孔隙比 e_1；同样，在不同的压力 p_2、p_3、p_4 作用下都可测得稳定的压缩变形量，求出相应的孔隙比 e_2、e_3、e_4，并绘制 $e-p$ 曲线（或 $e-\lg p$ 曲线）。

4.2.3　试验仪器

（1）固结容器：固结容器包括环刀、护环、透水石、加压上盖、量表架等。试样面积 30cm^2 或 50cm^2 时，高 2cm。如图 4.8 所示。

（2）加压设备：加压设备为量程为 5～10kN 的杠杆及砝码。

（3）变形测量设备：百分表量程 10mm，最小分度值为 0.01mm。

（4）其他：电子天平、秒表、烘箱、钢丝锯、削土刀、称量盒、凡士林等。

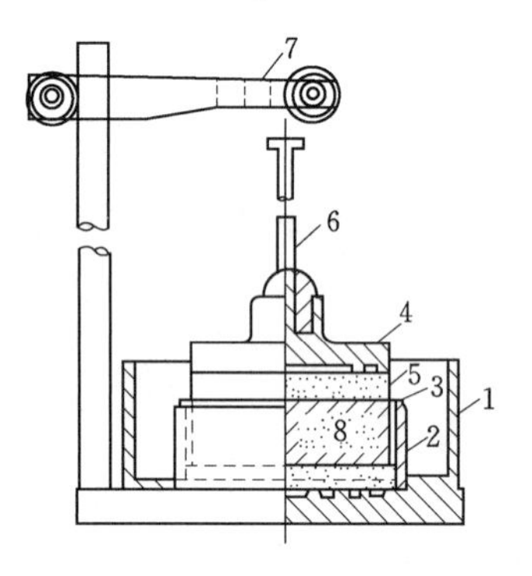

图 4.8　固结仪示意图

1—水槽；2—护环；3—环刀；4—加压上盖；5—透水石；6—量表导杆；7—量表架；8—试样

4.2.4　试验步骤

（1）切取试样：按工程需要选择面积为 30cm^2 的切土环刀，环刀内壁涂上一薄层凡士林，刀口应向下放在原状土或人工制备的扰动土上，切取原状土样时应与天然状态时垂直方向一致。

（2）小心边压边削，注意避免环刀偏心入土，应使整个土样进入环刀并凸出环刀为止，然后用钢丝锯或修土刀将两端余土削去修平，擦净环刀外壁。

（3）测定试样密度：称环刀加土质量，准确至 0.1g。用切取试样的余土同时测定土样的初始含水率（进行两次平行测定，取其平均值）。需要时对试样进行饱和。

（4）安放试样：将带有环刀的试样（刀口向上），小心装入护环，再装入固结容器内，然后放上透水石和加压上盖。

（5）安装量表：将装好试样的压缩容器放在加压台的正中，将传压钢珠与加压横梁的凹穴相连接。然后装上量表，调节量表杆头使其可伸长的长度不小于 8mm，并检查量表是否灵活和垂直（在教学试验中，学生应先练习量表读数）。

（6）检查设备：检查加压设备是否灵敏和垂直，调整杠杆使之水平。

（7）施加预压：为确保压缩仪各部位接触良好，施加 1kPa 的预压荷重，然后调整量表读数至零处。

（8）施加第一级压力并测读量表读数。施加第一级压力 $p_1=50$kPa（注意加砝码要轻，避免发生冲击和摇晃），如系饱和试样，应向固结容器内注水，使试样处于水下。在加荷的同时，开动秒表，记录量表读数。SL 237—1999《土工试验规程》规定，加荷后应按下列时间顺序测记量表读数，即 6″、15″、1′、2′15″、4′、6′15″、9′、12′15″、16′、20′15″、25′、30′15″、36′、42′15″、49″、64′、100′、200′、400′、23h 和 24h，至稳定为止。教学试验测定压缩系数受时间限制可选择 15″、1′、2′15″、4′、6′15″、9′、12′15″、16′。

（9）继续加载。重复上述步骤施加 $p_2=100$kPa、$p_3=200$kPa、$p_4=300$kPa、$p_5=400$kPa 等各级压力，并测读量表读数。

（10）回弹试验。如需做回弹试验，可在某级压力下固结稳定后卸荷，直至卸完为止。每次卸荷后的回弹稳定标准与加压稳定标准相同，并测记每级压力及最后无压力时的稳定量表读数。

（11）拆除仪器各部件，量测含水率。试验结束后卸载，迅速拆除仪器各部件，将环刀中的试样取出，测定试样试验后的含水率，用以计算压缩后的孔隙比。如系饱和试样，则用干滤纸吸去试样两端的表面水。

4.2.5 试验记录

固结（压缩）试验记录表见表 4.4。

表 4.4　固结（压缩）试验记录表

试样名称________　试样编号________　试验日期________　试样面积________

试验前试样高度 H_0 ________ mm　试验前孔隙比 e_0 ________　土粒比重 G_s ________

试验者________　计算者________　校核者________

（1）含水率试验记录表

试样情况	盒号	盒质量/g	盒＋湿土质量/g	盒＋干土质量/g	水质量/g	干土质量/g	含水率/%	平均含水率/%
试验前								
试验后								

（2）密度试验记录表

环刀号	环刀质量/g	环刀＋湿土质量/g	湿土质量/g	环刀容积/cm^3	湿密度/(g/cm^3)

注　所测量密度为饱和前数据

（3）固结试验过程记录表

经过时间/min	压力/kPa									
	50		100		200		300		400	
	日期	量表读数/0.01mm	日期	量表读数/0.01mm	日期	量表读数/0.01mm	日期	量表读数/0.01mm	日期	量表读数/0.01mm
0										
0.25										

续表

经过时间/min	压　力/kPa									
	50		100		200		300		400	
	日期	量表读数/0.01mm	日期	量表读数/0.01mm	日期	量表读数/0.01mm	日期	量表读数/0.01mm	日期	量表读数/0.01mm
1										
2′15″										
4′										
6′15″										
⋮										
⋮										
24h										
总变形量/mm										
仪器变形量/mm										
试样总变形量/mm										

（4）压缩系数、固结系数计算表

加压历时/h	压力 p /kPa	试样变形量 $\sum\Delta H_i$ /mm	压缩后试样高度 $H_i=H_0-\sum\Delta H_i$ /mm	孔隙比 e	压缩系数 a_v /MPa^{-1}	压缩模量 E_s /MPa	固结系数 C_v /(cm^2/s)
0							
24							
24							
24							
24							
24							

4.2.6　试验成果整理

试验成果列于单向固结（压缩）试验成果表中，根据表中数据绘制 $e-p$ 曲线及 $e-\lg p$ 曲线，计算试验土样的压缩系数（a_v）、压缩模量（E_s）及压缩指数（C_c）等指标，评价该土样的压缩性。

1. 成果计算

（1）根据式（4.13）计算试样的初始孔隙比 e_0。

$$e_0=\frac{G_s(1+0.01w_0)\rho_w}{\rho_0}-1 \tag{4.13}$$

式中　e_0——初始孔隙比；

w_0——试验前土样的含水率，%；

ρ_0——试样初始密度，g/cm^3；

ρ_w——水的密度，g/cm³。

（2）根据式（4.14）计算各级压力下压缩稳定后的相对沉降量 S_i。

$$S_i=\frac{\sum\Delta h_i}{h_0} \tag{4.14}$$

式中　$\sum\Delta h_i$——某一压力下，试样压缩稳定后的总变形量（等于该压力下压缩稳定后的量表读数减去仪器变形量，仪器变形量由实验室给出），mm；

h_0——试样的初始高度（等于环刀高度），mm。

（3）根据式（4.15）计算各级压力下压缩稳定后的孔隙比 e_i。

$$e_i=e_0-(1+e_0)S_i \tag{4.15}$$

（4）根据式（4.16）计算压缩系数 a_{v1-2}。

$$a_{v1-2}=\frac{e_1-e_2}{p_2-p_1} \tag{4.16}$$

式中　a_{v1-2}——$p=100\sim200$kPa 范围内的压缩系数，MPa^{-1}。

（5）根据式（4.17）计算压缩模量。

$$E_s=\frac{1+e_0}{a_v} \tag{4.17}$$

式中　E_s——压缩模量，MPa；

其余符号意义同上。

2. 绘图

（1）土的变形与时间关系曲线。

（2）压力 p 为横坐标，以孔隙比 e 为纵坐标绘制压缩曲线，即 $e-p$ 曲线，如图 4.9 所示。

（3）以 $\lg p$ 为横坐标、孔隙比 e 为纵坐标，$e-\lg p$ 曲线，如图 4.10 所示。依据 $e-\lg p$ 曲线，按卡萨格兰德（Casagrande）方法可求前期固结压力（p_c）及压缩指数（C_c）。

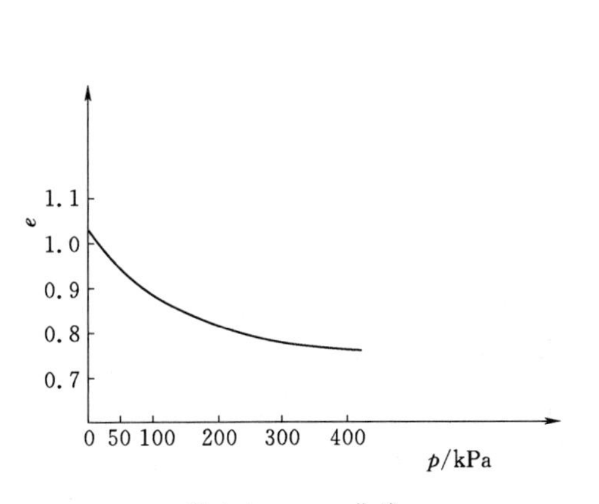

图 4.9　$e-p$ 曲线

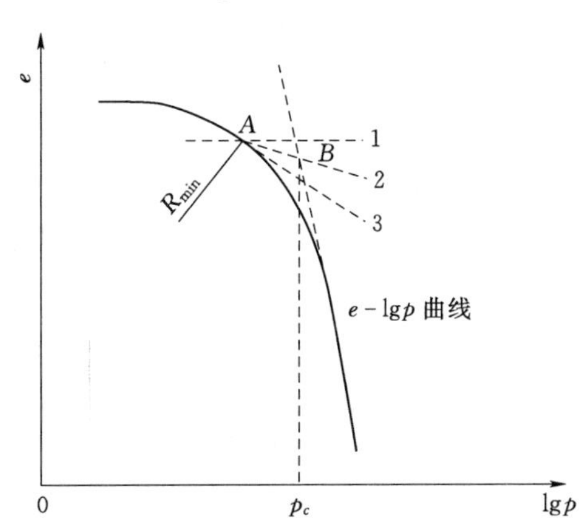

图 4.10　求 p_c 的卡萨格兰德经验作图法

1）$e-\lg p$ 曲线拐弯处找出曲率半径最小的点 A，过 A 点作水平线 $A-1$ 和切线 $A-3$。

2）$\angle 1A3$ 的角平分线 $A-2$，与 $e-\lg p$ 曲线直线段的延长线交于 B 点。

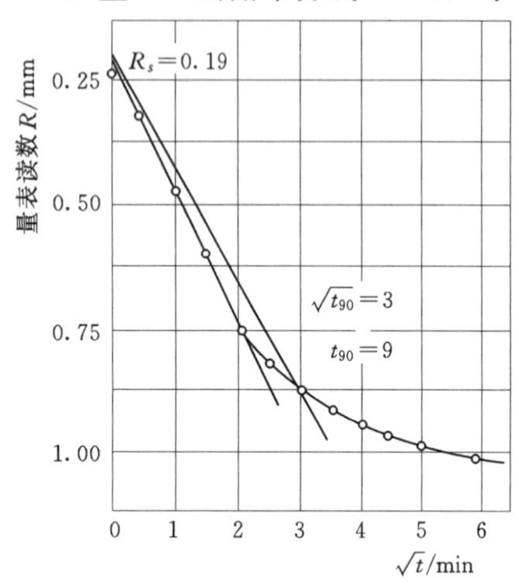

图 4.11　$R-\sqrt{t}$ 曲线图

3）B 点所对应的有效应力即为前期固结压力。

（4）以量表读数 R（试样变形）为纵坐标、时间平方根为横坐标绘制 $R-\sqrt{t}$ 曲线，如图 4.11 所示。延长 $R-\sqrt{t}$ 曲线开始段的直线，交纵坐标于 R_s（R_s 称理论零点），过 R_s 作另一直线，令其横坐标为前一直线横坐标的 1.15 倍，则后一直线与 $R-\sqrt{t}$ 曲线交点所对应的时间的平方即为试样固结度达 90% 所需的时间 t_{90}，固结系数根据式（4.18）计算。

$$C_v=\frac{0.848(\overline{h})^2}{t_{90}} \tag{4.18}$$

式中　C_v——固结系数，cm^2/s；

$\overline{h}$——最大排水距离，等于某一压力下试样初始与结束高度的平均值的一半，cm；

t_{90}——固结度达 90%所需的时间，s。

3. 仪器变形的校正

固结试验中，量表测得的总变量，并非试样的实际变形量，其中包括仪器变形量。在成果计算时，宜以试样的实际变形量计算，即实际变形量＝实测变形量－仪器变形量。仪器变形的校正如下：

（1）以钢块代替土试样，按固结试验步骤装入容器内，间隔 10min 逐级加荷至最大荷重后，再以 10min 间隔逐级卸荷，至荷重卸完为止。测得各荷重下加荷与卸荷的变形读数。

（2）拆除容器，重新安装，再按上述步骤进行测试，取 2～3 次平均值作为各级荷重下的仪器变形量，平行试验差值不得超过 0.01mm。

（3）绘制仪器变形量与压力的校正曲线。

4.2.7　试验注意事项

（1）试验前检查百分表，表杆可伸长量大于 8mm，检查表杆活动是否顺畅并练习百分表读数。

（2）装好试样，再安装百分表。在装百分表的过程中，小指针需调至整数位，大指针调至零，百分表杆头要有一定的伸缩范围，固定在百分表架上。

（3）加荷时，应按顺序加砝码；试验中不要震动实验台，以免指针产生移动。

（4）采用卡萨格兰德（Casagrande）简易的经验作图法，要求取土质量较高，绘制 $e-\lg p$ 曲线时还应注意选用合适的比例，否则，很难找到曲率半径最小的点 A，就不一定能得出可靠的结果。还应结合现场的调查资料综合分析确定。

思 考 题

1. 为什么可以说土的压缩变形实际上是土的孔隙体积的减小？

2. 试分析固结试验中可能造成误差的原因有哪些。

3. 试验中，在土样两端放入的滤纸为何要呈湿润状态？

4. 为什么说用单向分层总和法（使用 $e-p$ 曲线）算出的沉降是最终沉降？试根据固结试验说明。

5. 土的压缩系数 a_v 是常数还是变数？为什么？

6. 试说明利用 $e-p$ 曲线计算变形引起误差的原因。

7. 通过固结试验可以得到哪些土的压缩性指标？

8. 请解释先期固结压力概念。实验室如何得到？

4.3 直 接 剪 切 试 验

4.3.1 试验目的

直接剪切试验是测定土的抗剪强度的一种常用方法。通常采用至少 4 个试样为一组，分别在不同的垂直压力 σ 下，施加水平剪应力进行剪切，求得破坏时的剪应力 τ，然后根据库仑定律确定土的抗剪强度参数内摩擦角 φ 和凝聚力 c。直剪试验分为快剪（Q）、固结快剪（CQ）和慢剪（S）3 种试验方法。在教学中可采用快剪法。

4.3.2 试验原理

土的破坏都是剪切破坏。当试样某一面上出现剪应力 τ 等于土的抗剪强度 τ_f 时，该面达到极限平衡状态，试样被剪坏。根据库仑定律可得抗剪强度与法向应力关系曲线如图 4.12 所示，其表达式为式（4.19）。

$$\left.\begin{aligned}\tau_f&=\sigma\tan\varphi(\text{无黏性土})\\ \tau_f&=\sigma\tan\varphi+c(\text{黏性土})\end{aligned}\right\}\qquad(4.19)$$

无黏性土的抗剪强度与法向应力成正比，黏性土的抗剪强度除和法向应力有关外，还决定于土的黏聚力。因此，土的抗剪强度以抗剪强度参数 φ 和 c 表示。

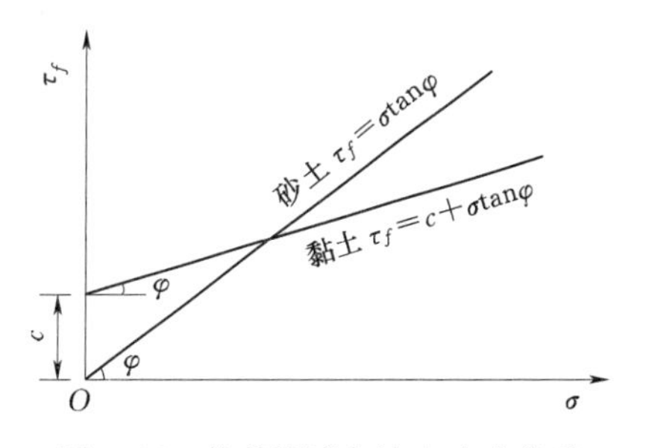

图 4.12 抗剪强度与法向应力关系

试验采用应变控制式直剪仪，剪切盒由上盒和下盒组成，试样置于剪切盒中，施加不同的垂直压力 σ 和水平力使试样剪坏，通过量测量力环的变形值，可算出剪应力的大小，得到相应的 τ_f，绘制 $\sigma-\tau_f$ 曲线。该曲线的倾角为内摩擦角 φ，在纵轴上的截距即黏聚力 c，如图 4.12 所示。

在教学中可采用快剪法。快剪试验是在试样上施加垂直压力后立即快速施加水平剪切力，以 0.8～1.2mm/min 的速率剪切，一般使试样在 3～5min 内剪破。直接剪切试验采用至少 4 个试样，用不同的法向应力 σ_i 作用于竖直方向，剪切时得到不同抗剪强度 τ_{fi}，将 4 组（σ_i，τ_{fi}）置于直角坐标系中，用最小二乘法作直线，称作抗剪强度曲线又称库仑强度线。强度线在纵坐标上的截距为黏聚力 c，强度线与水平线的夹角为内摩擦角 φ。

4.3.3 试验仪器

（1）应变控制式直剪仪：包括剪切盒、加压及量测设备等，如图 4.13 所示。

（2）环刀：内径 6.18cm，高 2cm。

（3）量表：量程 5～10mm，分度值 0.01mm。

（4）天平：称量 500g，分度值 0.1g。

（5）其他：秒表、削土刀、钢丝锯、蜡纸、凡士林、直尺等。

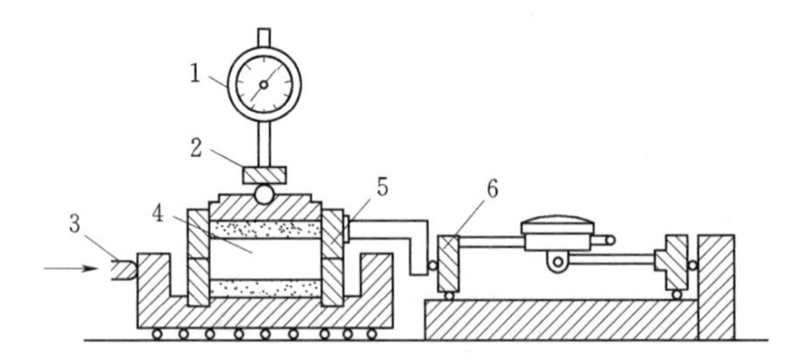

图 4.13　应变控制式直剪仪

1—垂直变形量表；2—垂直加荷框架；3—推动座；4—试样；5—剪切盒；6—量力环

4.3.4 试验步骤

（1）切取试样：按工程需要用环刀切取一组试样，至少 4 个，并测定试样的密度及含水率。如试样需要饱和，可对试样进行抽气饱和。

（2）安装试样：对准上、下盒，插入固定销钉。在下盒内放入一透水石，上覆隔水蜡纸一张。将装有试样的环刀平口向下，对准剪切盒，试样上放隔水蜡纸一张，再放上透水石，将试样徐徐推入剪切盒内，移去环刀。

（3）顺次加上加压盖板、钢珠、加压框架。转动手轮，使上盒前端钢珠刚好与测力计接触，调整测力计读数为零。

（4）施加第一级垂直压力 100kPa，拔去固定销钉，立即进行剪切（剪切前务必拔去销钉）。

（5）开动秒表，手轮以 4～6r/min（教学试验可用 6r/min）的均匀速率旋转，每转 2 周测记量力环读数一次。如此进行下去，直至量表指针来回摆动或开始后退，说明此时试样已剪损（注：手轮每转一周推进 0.2mm）。一般宜剪至剪切变形达到 4mm，若量力环读数继续增加，则剪切位移应达到 6mm 为止。

（6）剪切结束。反转手轮，卸去荷载，移去加压框架，取出剪切盒，观看剪切面破坏情况，并进行描述，测定剪切面附近土的含水率。

（7）另装试样，重复以上步骤，测定其他几种垂直压力（150kPa、200kPa、250kPa、300kPa 等）下的抗剪强度。

4.3.5 试验记录

直接剪切试验记录表见表 4.5。

表 4.5 **直接剪切试验记录表**

试样名称＿＿＿＿＿ 试样编号＿＿＿＿＿ 试验日期＿＿＿＿＿

试验者＿＿＿＿＿ 计算者＿＿＿＿＿ 校核者＿＿＿＿＿

（1）含水率试验记录表

试样情况	盒号	盒质量/g	盒＋湿土质量/g	盒＋干土质量/g	水质量/g	干土质量/g	含水率/%	平均含水率/%
试验前								
试验后								

（2）密度试验记录表

环刀号	环刀质量/g	环刀＋湿土质量/g	湿土质量/g	环刀容积/cm^3	湿密度/(g/cm^3)

（3）直接剪切试验记录表

垂直荷载＿＿＿＿＿ kPa 剪切前压缩时间＿＿＿＿＿ min

量力环号＿＿＿＿＿ 剪切前压缩量度＿＿＿＿＿ mm

量力环校正系数 C_0 ＿＿＿＿＿ kPa/0.01mm 剪切历时＿＿＿＿＿ min

手轮转速＿＿＿＿＿ r/min 抗剪强度＿＿＿＿＿ kPa

手轮转数	量力环内测微表读数/0.01mm					剪切变形/0.01mm					剪应力/kPa				
(1)	(2)					(3)＝20×(1)－(2)					(4)＝(2)×C_0				
	100kPa	150kPa	200kPa	250kPa	300kPa	100kPa	150kPa	200kPa	250kPa	300kPa	100kPa	150kPa	200kPa	250kPa	300kPa
2															
4															
6															
8															
10															
12															
14															
16															
18															
20															
22															
24															
26															
28															
30															
⋮															
⋮															

续表

(4) 直接剪切试验成果汇总表

垂直荷载 /kPa	抗剪强度 /kPa	试验前含水率 /%	试验前密度 /(g/cm³)	孔隙比	干密度 /(g/cm³)
100					
150					
200					
250					
300					
备注	土粒比重 $G_s=2.68$，此表请在完成试验过程数据表后填写				

4.3.6　试验成果整理

(1) 根据式 (4.20) 计算剪切位移。

$$\Delta l = 20n - R \tag{4.20}$$

式中　Δl——剪切位移量，0.01mm；

R——量力环内量表读数，0.01mm；

n——手轮转数。

(2) 根据式 (4.21) 计算剪应力。

$$\tau = CR/A_0 \times 10 \tag{4.21}$$

式中　τ——剪应力，kPa；

R——量力环量表读数，0.01mm；

C——量力环率定系数，N/0.01mm；

A_0——试样面积，cm²。

(3) 绘制剪应力与剪切位移关系曲线。以剪应力为纵坐标，剪切位移为横坐标，绘制剪应力与剪切位移关系曲线，如图 4.14 所示。取曲线上剪应力的峰值或稳定值为抗剪强度，无峰值时，取剪切位移 4mm 所对应的剪应力为抗剪强度。

(4) 求土的黏聚力及内摩擦角。以抗剪强度 τ_f 为纵坐标，垂直压力 σ 为横坐标，绘出数据点（注意：纵横坐标比例应一致），根据这些点绘一视测直线，该线的倾角即为土的内摩擦角 φ，该线在纵轴上的截距即为土的黏聚力 c，如图 4.15 所示。

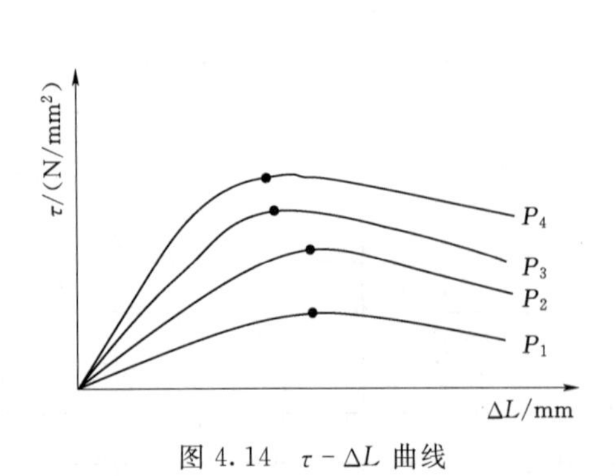

图 4.14　τ-ΔL 曲线

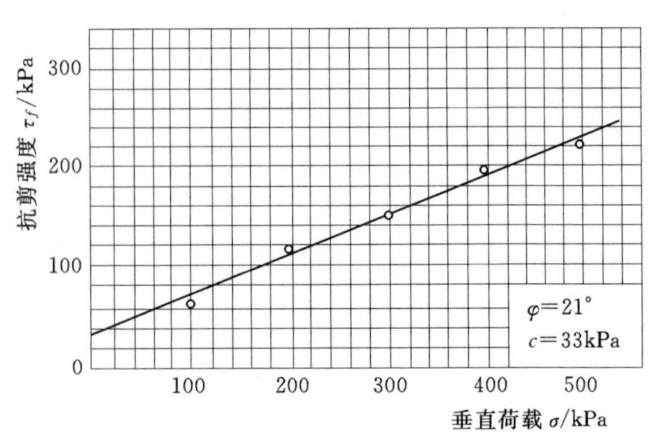

图 4.15　抗剪强度曲线

各种试验方法所测得的 c、φ 值用下列符号表示：快剪试验用 c_q 及 φ_q，固结快剪试验用 c_{cq} 及 φ_{cq}，慢剪试验用 c_s 及 φ_s。

4.3.7 试验注意事项

（1）试验前练习百分表读数，手轮转动。

（2）先安装试样，再装百分表。安装试样时要用透水石把土样从环刀推进剪切盒里，试验前百分表中的大指针调至零。

（3）加荷时，不要摇晃砝码。

（4）转动手轮施加水平剪应力前，应检查销钉是否拔下，拔下销钉后再进行剪切。

（5）手轮转动应均匀，不能忽快忽慢，尤其在接近破坏时会影响试验结果。

思 考 题

1. 直剪试验有几种试验方法？请解释各自的适用条件。
2. 快剪试验一般在几分钟内完成？
3. 实验室内测定土的抗剪强度的方法有哪些？
4. 试验前安装土样是否要取出环刀？
5. 砂性土和黏性土抗剪强度规律有何不同？
6. 简述直剪试验的优缺点。

4.4 击 实 试 验

4.4.1 试验目的

击实试验的目的是用标准击实方法，测定土的含水率与干密度的关系，从而确定土的最大干密度 $\rho_{d,\max}$ 和相应于最大干密度时土的最优含水率 w_{op}，是控制路堤、土坝和填土地基等密实度的重要指标。本试验适用于粒径小于 5mm 或含粒径大于 5mm 的颗粒质量小于总土量 3%的土样。

4.4.2 试验原理

对压实过程机理的阐明包括毛管润滑理论、薄膜水作用理论、孔隙水压力理论以及表面物理化学理论等，其中以薄膜水理论最为常用。薄膜水理论认为：含水率较小时，土粒由薄膜水包围，有较大的剪切阻力，击实时干密度低；当含水率增加，薄膜变厚，剪切阻力变小，干密度可达到最大；至增加到某一含水率，增加的自由水和封闭的气体充满土孔隙，因而干密度反随含水率增大而减小。

4.4.3 试验仪器

（1）标准击实仪，如图 4.16 所示。

（2）天平：称量 200g，分度值 0.01g；称量 1000g，分度值 1g。

（3）台秤：称量 10kg，分度值 5g。

（4）喷雾器或其他喷水设备。

（5）推土器。

（6）其他：盛土器、削土刀、土盒、白铁皮（拌土用）、烘箱、碾土器、筛（孔径 5mm）、保湿设备等。

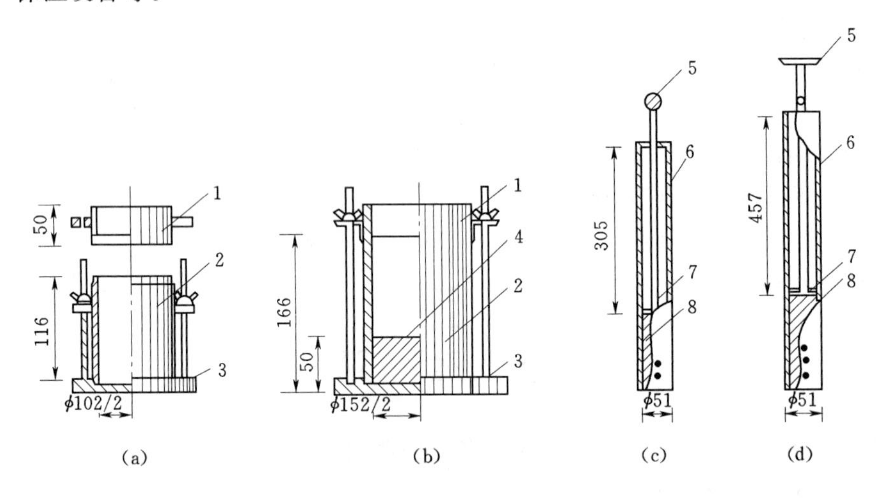

图 4.16　标准击实仪（单位：mm）

（a）轻型击实筒；（b）重型击实筒；（c）2.5kg 击锤；（d）4.5kg 击锤

1—套筒；2—击实筒；3—底板；4—垫块；5—提手；6—导筒；7—硬橡皮垫；8—击锤

4.4.4　试验步骤

（1）将具有代表性的风干土样，或在低于 60℃温度下烘干的土样，或天然含水率低于塑限可以碾散过筛的土样，放在橡皮板上用木碾碾散，过 5mm 筛后备用（本步骤由实验室完成）。

（2）参照土的塑限，估计其最优含水率 w_{op}，预定至少 5 个不同含水率，使各含水率依次相差约 2%，且其中至少各有两个大于 w_{op}，两个小于 w_{op}。按各个预定含水率及土样原有含水率（由实验室给出），用根据式（4.22）计算各个试样所需的加水量 m_w。

$$m_w = \frac{m_{w0}}{1+0.01w_0} \times 0.01(w - w_0) \tag{4.22}$$

式中　m_w——试样所需的加水质量，g；

m_{w0}——含水率为 w_0 时试样的质量，g；

w_0——试样原有风干含水率，%；

w——预定含水率，%。

（3）按预定含水率制备试样。取土样约 2.5kg，平铺于不吸水平板上，用喷雾器或其他喷水设备均匀喷洒预定的水量，稍静置一段时间后，装入塑料袋内或密闭容器内浸润，以使土中水量分布均匀。浸润时间对高液限黏土（CH）不得少于一昼夜；低液限黏土（CL）可酌情缩短，但不应少于 12h（以上步骤由实验室预先完成）。

（4）将击实筒固定于底座，并置于坚实地面上，击实筒底面和筒内壁须涂少许凡士林。

（5）取制备好的试样 600～800g（使击实后的试样略高于筒高的 1/3）倒入筒内，整平其表面，并用圆木板稍加压紧，按 25 次击数进行击实。击实时，提起击锤与导筒顶接触后，使其自由垂直下落，每次锤击时应挪动击锤，使锤迹均匀分布于土面。然后安装护筒，把土面刨成毛面，重复上述步骤进行第 2 及第 3 层的击实。击实后超出击实筒余土高度不得大于 6mm。

（6）测定密度。用削土刀小心沿护筒壁与土的接触面划开，转动并取下护筒（注意勿将击实筒内土样带出），齐筒顶细心削平试样，拆除底板，如试样底面超出筒外，亦应削平。然后擦净筒外壁，用台秤称出筒加土质量，称量准确至 1g。

（7）测定含水率。用推土器推出筒内试样，从试样中心不同位置处取两小块各约 15～30g 土，测定其含水率，计算准确至 0.1%，其平行误差不得超过 1%。

（8）按第（4）～（7）步骤，对其他不同含水率的试样进行击实。

4.4.5 试验记录

击实试验记录表见表 4.6。

表 4.6　　击实试验记录表

试样名称＿＿＿＿＿　试样编号＿＿＿＿＿　试验日期＿＿＿＿＿

试验者＿＿＿＿＿　计算者＿＿＿＿＿　校核者＿＿＿＿＿

<table>
<tr><td colspan="2">试样编号</td><td colspan="2">1</td><td colspan="2">2</td><td colspan="2">3</td><td colspan="2">4</td><td colspan="2">5</td></tr>
<tr><td rowspan="5">密度试验</td><td>筒＋湿土质量/g</td><td colspan="2"></td><td colspan="2"></td><td colspan="2"></td><td colspan="2"></td><td colspan="2"></td></tr>
<tr><td>筒质量/g</td><td colspan="2"></td><td colspan="2"></td><td colspan="2"></td><td colspan="2"></td><td colspan="2"></td></tr>
<tr><td>湿土质量/g</td><td colspan="2"></td><td colspan="2"></td><td colspan="2"></td><td colspan="2"></td><td colspan="2"></td></tr>
<tr><td>密度/(g/cm^3)</td><td colspan="2"></td><td colspan="2"></td><td colspan="2"></td><td colspan="2"></td><td colspan="2"></td></tr>
<tr><td>干密度/(g/cm^3)</td><td colspan="2"></td><td colspan="2"></td><td colspan="2"></td><td colspan="2"></td><td colspan="2"></td></tr>
<tr><td rowspan="6">含水率试验</td><td>盒号</td><td></td><td></td><td></td><td></td><td></td><td></td><td></td><td></td><td></td><td></td></tr>
<tr><td>盒质量/g</td><td></td><td></td><td></td><td></td><td></td><td></td><td></td><td></td><td></td><td></td></tr>
<tr><td>盒＋湿土质量/g</td><td></td><td></td><td></td><td></td><td></td><td></td><td></td><td></td><td></td><td></td></tr>
<tr><td>盒＋干土质量/g</td><td></td><td></td><td></td><td></td><td></td><td></td><td></td><td></td><td></td><td></td></tr>
<tr><td>含水率/%</td><td></td><td></td><td></td><td></td><td></td><td></td><td></td><td></td><td></td><td></td></tr>
<tr><td>平均含水率/%</td><td colspan="2"></td><td colspan="2"></td><td colspan="2"></td><td colspan="2"></td><td colspan="2"></td></tr>
<tr><td colspan="2">最大干密度/(g/cm^3)</td><td colspan="2"></td><td colspan="2">最优含水率/%</td><td colspan="2"></td><td colspan="2">饱和度/%</td><td colspan="2"></td></tr>
</table>

4.4.6 试验成果整理

（1）计算。根据式（4.23）计算击实后各试样的干密度，计算至 0.01g/cm^3。

$$\rho_d = \frac{\rho}{1 + 0.01w} \tag{4.23}$$

式中　ρ_d——干密度，g/cm^3；

ρ——湿密度，g/cm^3；

w——击实后测定的含水率，%。

（2）绘图。以干密度 ρ_d 为纵坐标，含水率 w 为横坐标，绘制干密度与含水率关系曲线，如图 4.17 所示。曲线上峰值点所对应的纵、横坐标分别为土的最大干密度和最优含水率。如曲线不能绘出准确峰值点，应进行补点。

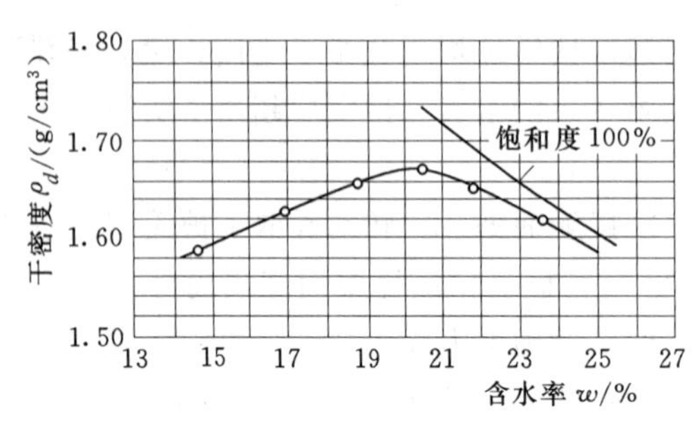

图 4.17　$\rho_d - w$ 关系曲线

(3) 根据式 (4.24) 计算试样完全饱和时的含水率。

$$w_{sat}=\left(\frac{\rho_w}{\rho_d}-\frac{1}{G_s}\right)\times 100\% \qquad (4.24)$$

式中　ρ_w——水的密度，可取 $1g/cm^3$；

G_s——土粒的比重。

(4) 计算数个（可任取）干密度下土的 w_{sat}，在 $\rho_d - w$ 关系曲线图中添绘饱和曲线。

4.4.7　试验注意事项

(1) 试验前，击实筒内壁要涂一层凡士林。

(2) 击实一层后，用刮土刀把土样表面刨毛，使层与层之间压密，其他两层也是如此。

(3) 如果使用电动击实仪，则必须注意安全。打开仪器电源后，手不能接触击实锤。

(4) 试验用土一般采用风干土做试验，也有采用烘干土做试验的。试验证明：最大干密度以烘干土最大，用烘干土做试验得到的最优含水率比用风干土的小，而最大干密度则偏大，因此以风干土做试验较为合理。最优含水率也因制备方法不同而不同，以烘干土最低，这种现象黏土最明显，黏粒含量越高，烘干对最大干密度影响也越大，这显然是烘干影响了胶粒性质，故黏土不宜用烘干土备样。

(5) 加水及浸润。加水方法有两种，即体积控制法和称重控制法，以称重控制法效果为好。洒水应均匀，浸润时间应符合有关规定。

(6) 击实筒一般应放在坚硬地面上。

(7) 应控制击实容器中的余土高度符合试验规定，否则试验无效。

(8) 在同一规定击实标准下，级配不均匀的土所得曲线较陡，土的密度大；级配均匀的土所得的曲线平缓，土的密度小。一般土的塑性指数越高，其最大干密度越小。

(9) 两次平行试验最大干密度的差值应不超过 $0.05g/cm^3$。

思　考　题

1. 请解释什么是最优含水率和最大干密度。测定最优含水率的意义是什么？
2. 请解释试验中，层与层之间为何要刨毛面。
3. 请解释为什么绘制击实曲线时需附带绘制饱和曲线。
4. 请解释为什么用干密度表示土的压实状况，而不用天然密度。
5. 压实黏性土时，为什么要求控制含水率？
6. 请解释影响黏性土最优含水率的因素有哪些。

第5章　创新与探索性试验

5.1　三轴压缩试验

5.1.1　概述

三轴压缩试验是测定土抗剪强度的一种方法，适用于测定细粒土和砂类土的总抗剪强度参数和有效抗剪强度参数。对堤坝填方、路堑、岸坡是否稳定，挡土墙及建筑物地基是否能承受一定的荷载，都与土的抗剪强度有密切的关系。通常用3～4个圆柱形试样分别在不同的恒定围压（即小主应力σ_3）下施加轴向压力（即主应力差$\sigma_1-\sigma_3$），对试样进行剪切，直至破坏，然后根据摩尔-库仑理论，求得土的总抗剪强度指标φ、c以及有效抗剪强度指标φ'、c'。

根据排水条件的不同，三轴压缩试验可分为不固结不排水剪（UU）、固结不排水剪（CU）和固结排水剪（CD）3种试验方法。不固结不排水剪（UU）：在施加周围压力σ_3和轴向偏应力（$\sigma_1-\sigma_3$）直至试样剪坏的整个过程，均不允许试样排水固结，所得强度指标为总强度指标φ_u和c_u。固结不排水剪（CU）：试验中，试样先在周围压力σ_3作用下排水固结，然后在试样不允许排水的条件下，施加偏应力（$\sigma_1-\sigma_3$），至试样剪坏。固结不排水剪试验可得到总强度指标φ_{cu}和c_{cu}，如试验时量测孔隙水压力也可得到有效强度指标φ'、c'和孔隙压力系数。固结排水剪（CD）：试验时，试样先在周围压力下排水固结，然后在允许试样排水的条件下，施加偏应力（$\sigma_1-\sigma_3$），至试样剪坏。该试验由于在整个试验过程中允许试样充分排水，孔隙水压力始终保持为零，总应力等于有效应力，所以此时的总强度指标即为有效强度指标φ_d、c_d。

5.1.2　试验原理

三轴试验采用圆柱形试样，可以在试样的3个坐标方向上施加压力。试验时先通过压力室内的有压液体，使试样在3个轴向受到相同的周围压力σ_3，并维持整个试验过程不变。然后通过活塞向试样施加垂直轴向压力，直到试样剪坏。若由活塞杆所施加的垂直压力为$q=\sigma_1-\sigma_3$，不断增加q，相当于增大σ_1，使土样剪坏。小主应力是周围压力，中主应力σ_2和σ_3相等。则由一个试样所得的σ_1和σ_3，可以绘制一个极限应力圈。土样受力情况如图5.1（a）所示。图5.1（b）为试样剪坏时，破坏面$m-n$与主应力σ_1、σ_3的关系，破坏面与大主应力作用面的夹角$\alpha_f=45°+\frac{\varphi}{2}$。图5.1（c）为应力圆上表示出的土样的应力状态。对同一种土，取若干个试样（至少3个试样），分别改变其围压σ_3，试样剪坏时所加的轴压力σ_1也会改变，从而可以绘制若干个极限应力圆。这样，在不同周围压力下，可得到一组极限应力圆。作这组应力圆的公切线，即是土的抗剪强度包线$\tau=\sigma\tan\varphi+c$，由此可以求得抗剪强度参数φ和c。

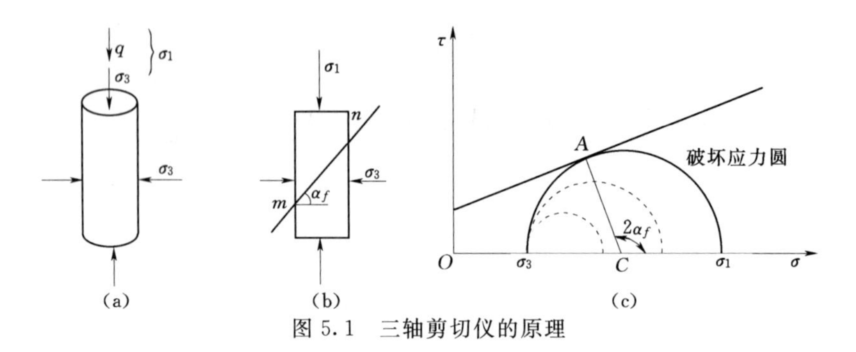

图 5.1　三轴剪切仪的原理

5.1.3　仪器设备

（1）应变控制式三轴仪如图 5.2 所示，包括压力室、试验机、施加周围压力系统、体积变化和孔隙压力量测系统、反压力控制系统等。

（2）天平：称量 200g，分度值 0.01g；称量 1000g，分度值 0.1g。

（3）量表：量程 30mm，分度值 0.01mm。

（4）附属设备：击实筒、饱和器、切土盘、切土器和切土架、分样器、承膜筒、橡皮膜等。

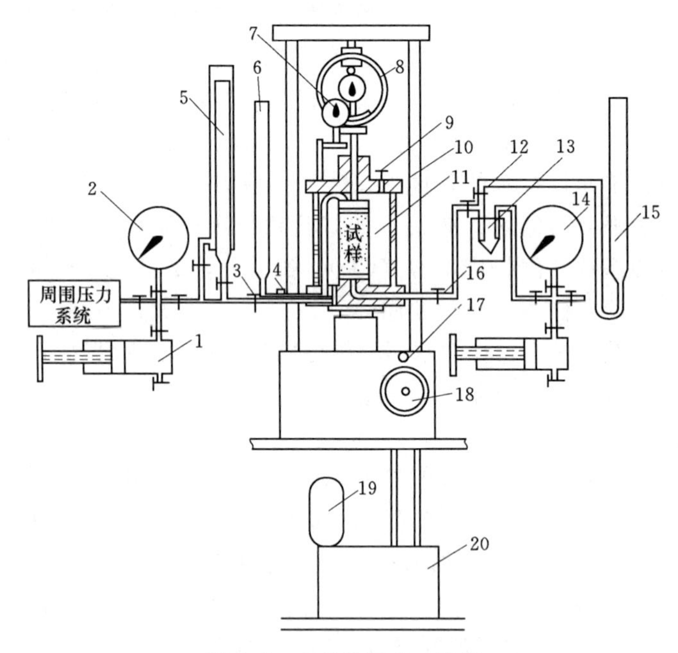

图 5.2　应变控制式三轴仪

1—调压筒；2—周围压力表；3—周围压力阀；4—排水阀；5—体变管；6—排水管；7—轴向位移计；8—轴向测力计；9—排气孔；10—轴向加压设备；11—压力室；12—量管阀；13—零位指示器；14—孔隙压力表；15—量管；16—孔隙压力阀；17—离合器；18—手轮；19—马达；20—变速箱

5.1.4　试验步骤

5.1.4.1　设备检查

（1）周围压力的精度要求达到最大压力的±1%，测读分值一般应为 5kPa，根据试样强度的大小，选择不同量程的测力计，使最大轴向压力的精度不小于1%。

（2）排除孔隙压力量测系统的气泡。关闭量管阀，用三轴压力室（三轴压力室内充满无气水）对孔隙压力量测系统中的无气水（煮沸冷却后的蒸馏水）施加压力，小心打开量管阀，使管路中气泡从量管排出，反复几次，直到气泡完全排出为止。关闭孔隙压力阀和量管阀，用调压筒施加压力，检查孔隙压力量测系统的体积因数，应小于 $1.5\times10^{-5}cm^3/kPa$。

（3）检查排水管路是否通畅；活塞在轴套内滑动是否正常；连接处有无漏水、漏气现象。仪器检查完毕，关周围压力阀、孔隙压力阀和排水阀，以备使用。

（4）橡皮膜在使用前应做仔细检查。方法是：在膜内充气，扎紧两端，然后在水下检查有无漏气。

5.1.4.2 试样制备

1. 原状试样

原状试样可从钻孔原状土柱或试坑原状土块中切取。试样尺寸应符合表5.1的规定，超径颗粒的粒径不应超过试样直径的1/5。对于较软的土样，先用钢丝锯或削土刀切取一稍大于规定尺寸的土柱，放在切土盘上、下圆盘之间，再用钢丝锯或削土刀紧靠侧板，由上往下细心切削，边切削边转动圆盘，直到土样被削成规定直径为止。然后按试验要求的试样高度截取试样，并削平上下两端，如图5.3所示。

表5.1　　　　试 样 尺 寸

试样直径/mm	允许颗粒最大粒径/mm	试样直径/mm	允许颗粒最大粒径/mm
39.1	2	101.0	10
61.8	5		

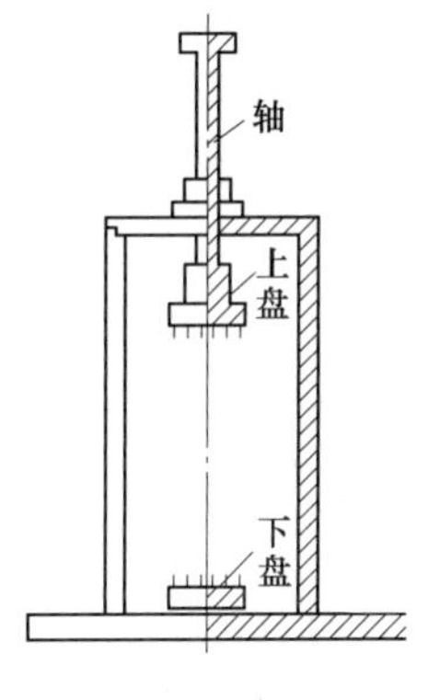

图5.3　切土盘

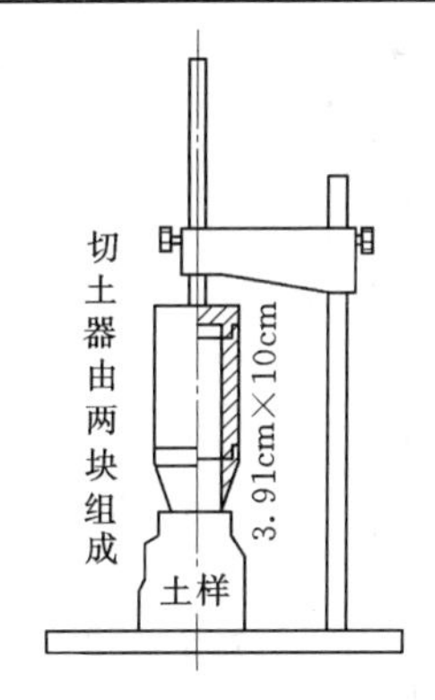

图5.4　切土器和切土架

对于较硬的土样，先用削土刀或钢丝锯切取一稍大于规定尺寸的土样，上下两端削平，按试样的要求层次方向，放在切土架上，用切土器切削。先在切土器环刀口内壁涂上一层薄的凡士林，将切土器的刀口对准土样，边削土边压切土器，一直切削到比要求的试样高度约高2cm为止，然后拆开切土器，将试样取出，按要求的高度将两端削平，如图5.4所示。将切削好的试样称量，准确到0.1g。试样高度和直径量测，并根据式（5.1）计算试样的平均直径。

$$D_0=\frac{D_1+2D_2+D_3}{4} \tag{5.1}$$

式中　D_1、D_2、D_3——试样上、中、下部分的直径。

取切下的余土，平行测定含水率，取其平均值作为试样的含水率（同一组原状试样，含水率差值不宜大于 2%）。

2. 扰动试样制备

三轴试验扰动试样制备方法有压样法、击实法、搓碾法、土膏法等。本节仅介绍击实法。

(1) 选取一定数量的代表性土样（对直径 39.1mm 试样约取 2kg），经风干、碾碎、过筛（筛的孔径应符合规定），测定风干土含水率，按要求的含水率算出所需加水量。

(2) 将需加的水量喷洒到土料上拌匀，稍静置后装入塑料袋，然后置于密闭容器内至少 20h，使含水率均匀。取出土料复测其含水率，测定的含水率与要求的含水率的差值应在−1%～1%。否则需调整含水率至符合要求为止。

(3) 击样筒的内径应与试样直径相同。击锤的直径宜小于试样直径，也允许采用与试样直径相等的击锤。击样筒壁在使用前应洗擦干净，涂一薄层凡士林。

(4) 根据要求的干密度，称取所需土质量。按试样高度分层击实，粉质土分 3～5 层，黏质土分 5～8 层击实。各层土料质量相等。每层击实至要求高度后，将表面刨毛，然后再加第 2 层土料。如此继续进行，直至击完最后一层。将击样筒中的试样两端整平，取出称其质量，一组试样的密度差值应小于 $0.02g/cm^3$。

5.1.4.3　试样饱和

根据试样的性质有抽气饱和、浸水饱和、水头饱和、施加反压力饱和、二氧化碳饱和等几种饱和方法。这里仅介绍抽气饱和法。

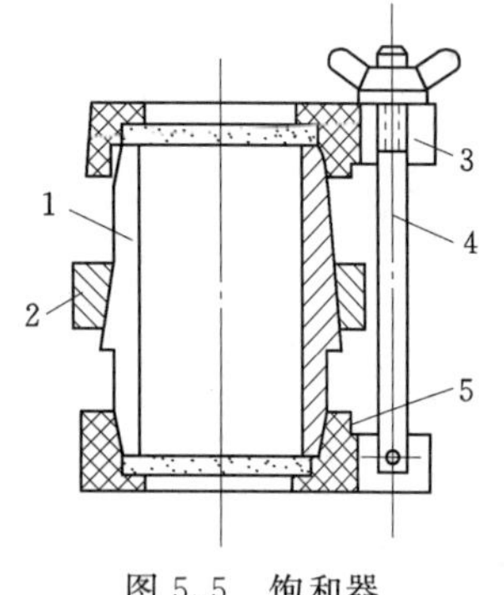

图 5.5　饱和器

1—土样筒；2—紧箍；3—夹板；4—拉杆；5—透水石

将试样装入饱和器（图 5.5）置于无水抽气缸内，盖紧后进行抽气，当真空度接近一个大气压后，对于粉质土再继续抽气 0.5h 以上，黏质土抽气 1h 以上，密实的黏质土抽气 2h 以上，然后徐徐注入清水，并使真空度保持稳定。待饱和器完全淹没在水中后，停止抽气。解除抽气缸内的真空，让试样在抽气缸内静置 10h 以上然后取出试样称质量。教学试验试样饱和由实验室完成。

5.1.4.4　试样安装与固结剪切

根据排水条件的不同，三轴试验分为不固结不排水剪（UU）、固结不排水剪（CU 或 $\overline{\text{CU}}$）和固结排水剪（CD）3 种类型。一般教学实验只做不固结不排水剪。

1. 不固结不排水剪试验（UU）

(1) 试样安装。

1) 将试样放在仪器底座的不透水圆板上，在试样的顶部放置不透水试样帽。

2) 将橡皮膜套在承膜筒内，两端翻出膜外，从吸嘴吸气，使膜贴紧承膜筒内壁，然后套在试样外，放气，翻起橡皮膜取出承膜筒。用橡皮圈将橡皮膜分别扎紧在仪器底座和试样帽上。

3）装上压力室外罩。装时应先将活塞提高，以防碰撞试样，然后将活塞对准试样帽中心，并均匀地旋紧螺丝，再将轴向测力计对准活塞。

4）开排气孔，向压力室充水，当压力室快注满水时，降低进水速度，水从排气孔溢出时，关闭排气孔。

5）开周围压力阀，施加所需的周围压力。周围压力应与工程的实际荷重相适应，并尽可能使最大周围压力与土体的最大实际荷重大致相等。本试验按 100kPa、200kPa、300kPa、400kPa 施加。

6）旋转手轮，同时转动活塞，当轴向测力计有微读数时表示活塞已与试样帽接触。然后将轴向测力计和轴向位移计的读数调零。

（2）试样剪切。

1）试验机电机开启前，打开周围压力阀，关闭体变管阀、排水管阀、孔隙压力阀、量管阀。

2）剪切应变速率一般取每分钟 0.5%～1.0%（可据土的不同性质而异）。

3）开动马达，合上离合器，进行剪切。开始阶段，试样每产生轴向应变 0.3%～0.4%测记测力计读数和轴向位移计读数各一次。当轴向应变达 3%以后，读数间隔可延长为 0.7%～0.8%各测记一次。当接近峰值时应加密读数，如果试样特别硬脆或软弱，可酌情加密或减少测读的次数。

4）当出现峰值后，再继续剪 3%～5%轴向应变；若轴向测力计读数无明显减少，则当轴向应变进行到 15%～20%时，停止剪切。

5）试验结束后关闭马达，关周围压力阀，拔出离合器，倒转手轮，然后打开排气孔，排去压力室内的水，拆除压力室外罩，擦干试样周围的余水，脱去试样外的橡皮膜，描述破坏后形状，称试样质量，测定试验后含水率。

（3）对其余试样，只改变周围压力，按以上步骤进行试验。

2. 固结不排水剪（CU）

（1）试样安装。

1）开孔隙压力阀及量管阀，使仪器底座充水排气，并关阀。将煮沸过的透水石放在仪器底座上，然后放上湿滤纸，放置试样，试样上端放一湿滤纸及透水石。为了加速排水固结，可在试样周围贴上 7～9 条宽度为 6mm 左右的浸湿滤纸条，滤纸条上端与透水石连接。如要施加反压力饱和试样，所贴的滤纸条必须中间断开约 1/4 试样高度，或自底部向上贴至 3/4 试样高度处。

2）把已检查过的橡皮膜套在承膜筒上，两端翻出膜外，从吸嘴吸气，使膜贴紧承膜筒内壁，然后把橡皮膜筒套在试样外，放气，翻起橡皮膜，橡皮膜紧贴在试样上，取出承膜筒，用橡皮圈将橡皮膜下端扎紧在仪器底座上。

3）用软刷子或双手自上而下轻轻按抚试样，以排除试样与橡皮膜之间的气泡（对于饱和软黏土，可打开孔隙压力阀及量管阀，使水徐徐流入试样与橡皮膜间，以排除夹气，然后关阀）。

4）打开排水阀，使水从试样帽徐徐流出以排除管路中气泡，并将试样帽放置于试样顶端，排除顶端气泡，将橡皮膜扎紧在试样帽上。

5）降低排水管，使其水面至试样中心高程以下 20～40cm，吸出试样与橡皮膜之间多余的水分，然后关闭排水阀。

6）装上压力室外罩，将活塞提高到最高位置，以免和试样碰撞，然后将活塞对准试样帽中心，并均匀地旋紧螺丝，再将量力环对准活塞。打开压力室上的排气孔，向压力室充水。当压力室快充满水时，降低进水速度，当水从排气孔溢出时，关闭排气孔，然后使排水管的水面与试样中心高度齐平，并测记水面读数。

7）调整孔隙压力起始读数。使量管水面位于试样中心高度处，开量管阀，记下孔隙压力计起始读数，然后关量管阀。

8）开周围压力阀，施加所需的周围压力 σ_3。周围压力大小与工程的实际荷重相适应，并尽可能使最大周围压力与土体的最大实际荷重大致相等。按 100kPa、200kPa、300kPa、400kPa 施加。

9）旋转手轮，当轴向测力计有微读数时表示活塞已与试样帽接触。然后将轴向测力计和轴向位移计的读数调零。

（2）排水固结。

1）加周围压力后缓缓打开孔隙压力阀，测记稳定后的孔隙压力读数，减去孔隙压力表起始读数，即为周围压力下试样的孔隙水压力 u。

2）打开排水阀同时开动秒表，按 0′、0.25′、1′、4′、9′、…时间测记固结排水管水面及孔隙压力表读数，以便了解试样内孔隙水压力的消散情况。在整个试验过程中，固结排水管水面应始终保持在试样的中心高度，当排水量不再有变化时固结度至少达 95%，认为固结完成（随时绘制排水量 ΔV 与时间平方根或时间对数曲线或孔隙压力消散度 U 与时间对数曲线）。

3）如要求对试样施加反压力时，则按试样饱和中反压力法规定进行。然后关体变管阀，增大周围压力，使周围压力与反压力之差等于原来选定的周围压力，记录稳定的孔隙压力读数和体变管水面读数作为固结前的起始读数。

4）开体变管阀，让试样通过体变管排水，按上述 1）、2）款规定进行排水固结。当排水量不再有变化时，固结度至少达到 95%，认为固结完成。

5）即可关排水阀，记下固结排水管和孔隙压力表的读数。然后转动细调手轮，使活塞与试样帽接触（注意避免试样放置不正的假接触现象），记下轴向变形量读数，即固结下沉量 Δh，算出固结后试样高度 h_c。然后将轴向测力计、轴向位移计都调至零。

（3）试样剪切。

1）不测孔隙压力试验（CU 试验）。试验机电动机开启前，关闭体变管阀、排水管阀、孔隙压力阀、量管阀。测孔隙压力试验（CU 试验），开动电动机之前，关体变管阀、排水管阀、量管阀，打开孔隙压力阀。

2）选择剪切速率。粉质土每分钟应变为 0.1%～0.5%，一般黏质土每分钟应变为 0.05%～0.1%，高密度或高塑性土每分钟应变小于 0.05%。

3）开动马达，合上离合器进行剪切。每产生轴向应变 0.3%～0.4%，测记轴向测力计读数一次，当轴向应变达 3%以后，读数间隔可延长为 0.7%～0.8%测记一次。

当出现峰值后，再继续剪 3%～5%轴向应变；若轴向测力计读数无明显减少，则轴向应变进行到 15%～20%，停止剪切。

4）试验结束后，关闭马达，关上周围压力阀，拨出离合器，倒转手轮，然后打开排气孔，排去压力室内的水，拆除压力室外罩，擦干试样周围的余水，脱去试样外的橡皮膜，描述破坏后的形状，称试样质量，测定试验后含水率。

（4）其余试样。施加不同周围压力按上述步骤以相同的剪切应变速率进行试验。

3. 固结排水剪（CD）

（1）试样安装和固结同固结不排水剪试验。

（2）试样剪切。

1）试验电机启动之前，打开体变管阀、排水管阀、周围压力阀、孔隙压力阀，关闭量管阀。

2）土样固结后开动马达，进行剪切，剪切应变速率对一般细粒土以采用每分钟应变 0.012%～0.003%为宜，在剪切过程中应打开排水阀和孔隙压力阀，按固结不排水剪规定的变形时间间隔读取排水管读数，以及相应的轴向位移计和轴向测力计读数。

3）试验结束后，关闭马达，关上周围压力阀，拨出离合器，倒转手轮，然后打开排气孔，排去压力室内的水，拆除压力室外罩，擦干试样周围的余水，脱去试样外的橡皮膜，描述破坏后的形状，称试样质量，测定试验后含水率。

（3）其余试样，取不同周围压力按上述步骤以相同的剪切应变速率进行试验。

5.1.5 计算

5.1.5.1 试样固结后的高度、面积、体积及剪切时的面积计算公式

相关公式列于表 5.2。

表 5.2　试样固结后的高度、面积、体积及剪切时的面积计算公式

项　目	起始	固　结　后		剪切时校正值
		按实测固结下沉量	等应变简化式	
试样高度/cm	h_0	$h_a=h_0-\Delta h_c$	$h_c=h_0\left(1-\frac{\Delta V}{V_0}\right)^{1/3}$	
试样面积/cm^2	A_0	$A_c=\frac{V_0-\Delta V}{h_c}$	$A_c=A_0\left(1-\frac{\Delta V}{V_0}\right)^{2/3}$	$A_a=A_0/(1-\varepsilon_1)$（不固结不排水） $A_a=A_c/(1-\varepsilon_1)$（固结不排水） $A_a=(V_c-\Delta V_i)/(h_c-\Delta h_i)$（固结排水剪）
试样体积/cm^3	V_0	$V_c=h_cA_c$		

注　Δh_c 为固结下沉量，由轴向位移计测得，cm；ΔV 为固结排水量（实测或由试验前后试样质量差换算），cm^3；ε_1 为轴向应变，%，$\varepsilon_1=\Delta h_i/h_i$；$\Delta h_i$ 为试样剪切时的高度变化，由轴向位移计测得，cm，为方便起见，可预先绘制 $\Delta V-h_c$ 及 $\Delta V-A_c$ 的关系线备用。

5.1.5.2 根据式（5.2）计算主应力差（$\sigma_1-\sigma_3$）

$$(\sigma_1-\sigma_3)=\frac{CR}{A_a}\times 10 \tag{5.2}$$

式中　σ_1——大主应力，kPa；

σ_3——小主应力，kPa；

C——测力计率定系数，N/0.01mm；

R——测力计量表读数，0.01mm；

A——试样剪切时的面积，cm^2；

10——单位换算系数。

5.1.5.3　根据式（5.3）计算有效主应力比 σ_1'/σ_3'

$$\left.\begin{aligned}\frac{\sigma_1'}{\sigma_3'}&=\frac{\sigma_1-\sigma_3}{\sigma_3'}+1\\ \sigma_1'&=\sigma_1-u\\ \sigma_3'&=\sigma_3-u\end{aligned}\right\}\tag{5.3}$$

式中　σ_1、σ_3——大主应力与小主应力，kPa；

σ_1'、σ_3'——有效大主应力与有效小主应力，kPa；

u——孔隙水压力，kPa。

5.1.5.4　计算孔隙压力系数

1. 根据式（5.4）计算孔隙压力系数 B

$$B=\frac{u_0}{\sigma_3}\tag{5.4}$$

式中　u_0——试样在周围压力下产生的起始孔隙压力，kPa。

2. 根据式（5.5）计算孔隙压力系数 A

$$A=\frac{u_f}{B(\sigma_1-\sigma_3)}\tag{5.5}$$

式中　u_f——试样破坏时，主应力差产生的孔隙压力，kPa。

5.1.6　制图

（1）绘制主应力差（$\sigma_1-\sigma_3$）与轴向应变 ε_1 的关系曲线，如图5.6所示。

（2）绘制有效主应力比 σ_1'/σ_3' 与轴向应变 ε_1 的关系曲线，如图5.7所示。

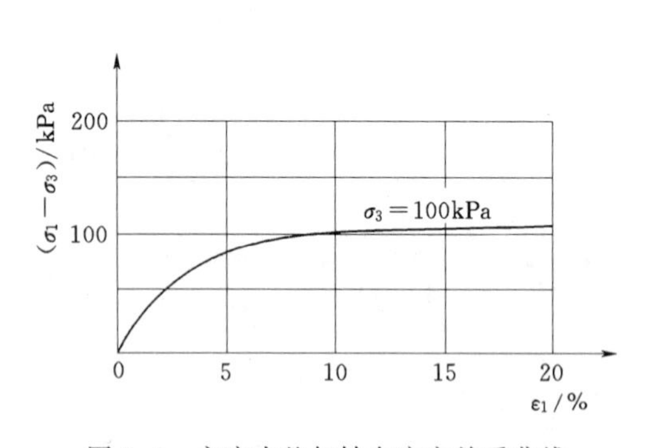

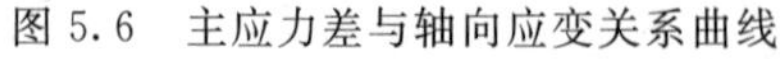
图5.6　主应力差与轴向应变关系曲线

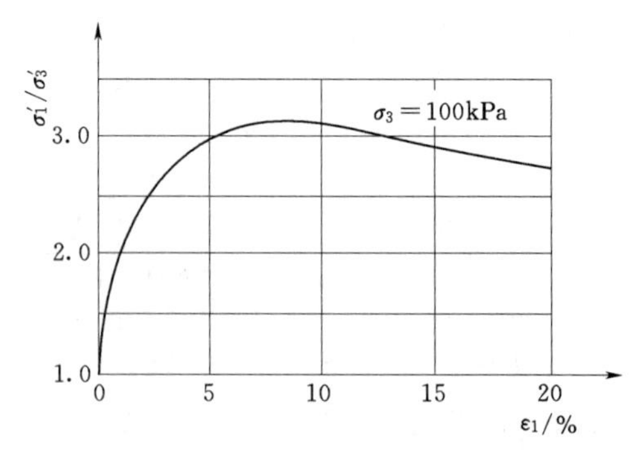

图5.7　有效主应力比与轴向应变关系曲线

破坏点取值以（$\sigma_1-\sigma_3$）或 σ_1'/σ_3' 的峰点值作为破坏点。如（$\sigma_1-\sigma_3$）和 σ_1'/σ_3' 均无峰值，按轴向应变 $\varepsilon=15\%$ 相应的（$\sigma_1-\sigma_3$）或 σ_1'/σ_3' 作为破坏强度值。

（3）绘制强度包线，如图5.8～图5.10所示。

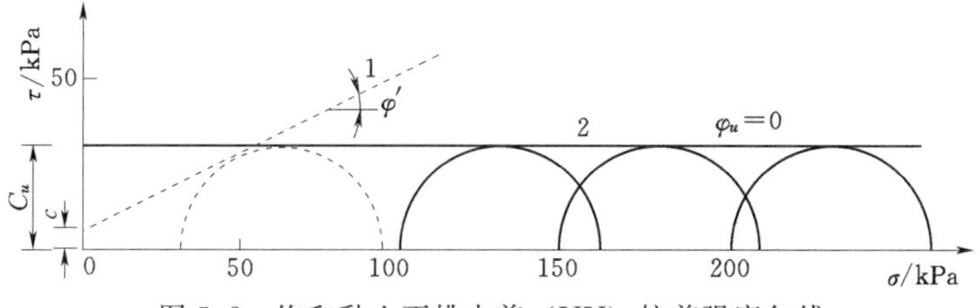

图 5.8 饱和黏土不排水剪（UU）抗剪强度包线

1—有效强度包线；2—总应力强度包线

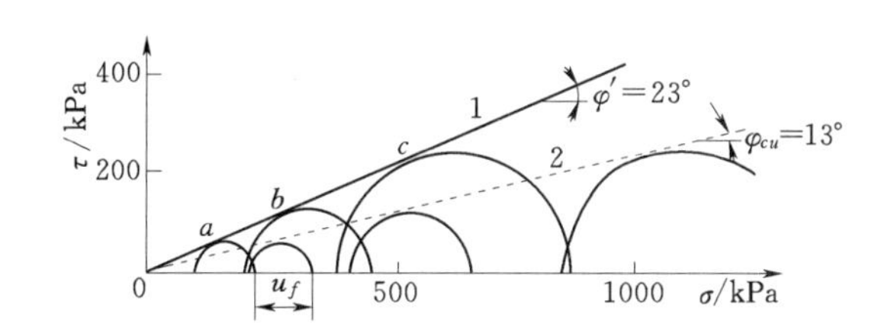

图 5.9 固结不排水剪（CU）抗剪强度包线

1—有效强度包线；2—总应力强度包线

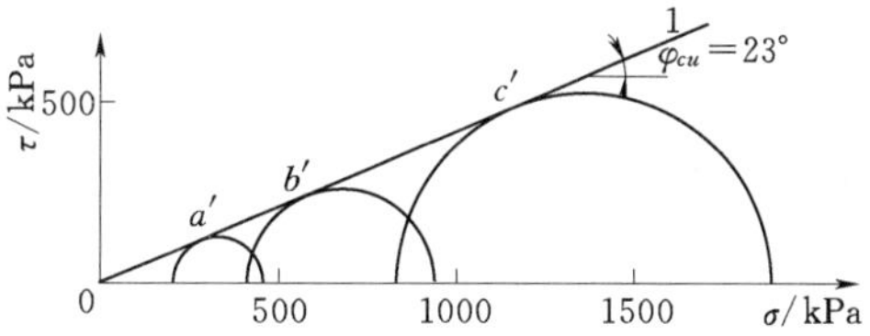

图 5.10 固结排水剪（CD）抗剪强度包线

1）不固结不排水剪试验及固结不排水剪试验。以法向应力 σ 为横坐标，剪应力 τ 为纵坐标，在横坐标轴上以 $(\sigma_{1f}+\sigma_{3f})/2$ 为圆心，以 $(\sigma_{1f}-\sigma_{3f})/2$ 为半径（f 表示破坏值）绘制破坏总应力圆。作诸圆包线，即总应力强度线，该包线的倾角为 φ，包线在纵轴的截距为 c。

2）测孔隙压力的固结不排水剪，还可以确定试样破坏时的有效应力。将破坏时主应力减去破坏时的孔隙压力，得到试样破坏时的有效主应力 σ'，在横坐标轴上以 $(\sigma'_{1f}+\sigma'_{3f})/2$ 为圆心，以 $(\sigma'_{1f}-\sigma'_{3f})/2$ 为半径，绘制不同周围压力下有效应力圆的包线，包线的倾角为有效内摩擦角 φ'，包线与纵坐标轴的截距为 c'。

3）固结排水剪试验，孔隙压力等于零，抗剪强度包线的倾角和在纵轴上的截距分别以 φ_d 和 c_d 表示。

5.1.7 记录

不固结不排水剪三轴试验记录表见表 5.3。

表 5.3　　不固结不排水剪三轴试验记录表

试样编号________　试样描述________　试验日期________

试验者________　计算者________　校核者________

（1）含水率试验记录表

项　目	试　验　前		试　验　后	
盒号				
盒＋湿土质量/g				
盒＋干土质量/g				
盒质量/g				
含水率/%				
平均含水率/%				

续表

(2) 密度试验记录表

项　目	试　验　前		试　验　后
	饱和前	饱和后	
试样高度/cm			
试样体积/cm^3			
试样质量/g			
密度/(g/cm^3)			
试样描述			

(3) 三轴试验记录表（不固结不排水剪）

试样初始状态

直径 D/cm ______

高度 h_0/cm ______

面积 A_0/cm^2 ______

体积 V_0/cm^3 ______

周围压力 σ_3/kPa ______

量力环系数 C/(N/0.01mm) ______

破损应变 ε_f/% ______

破损主应力差 $(\sigma_1-\sigma_3)_f$/kPa ______

破损大主应力 σ_{1f}/kPa ______

轴向变形读数 Δh_i /0.01mm	轴向测力计读数 R /0.01mm	轴向应变 $\varepsilon_1=\Delta h_i/h_0$ /%	试样校正后面积 $A_a=A_0/(1-\varepsilon_1)$ /cm^2	主应力差 $(\sigma_1-\sigma_3)=(RC/A_a)\times 10$ /kPa	大主应力 $\sigma_1=(\sigma_1-\sigma_3)+\sigma_3$ /kPa

5.1.8　试验注意事项

(1) 切取试样前，检查切土盘直径是否符合要求，调整切土盘。多个试样应尽量在同一位置上，保证试样间的均匀性。

(2) 试验前，检查三轴仪是否漏气、漏水，将排水管、孔压量管排出气泡并检查橡皮膜是否漏气。

(3) 试验时，压力室内充满纯水，没有气泡。

思　考　题

1. 试比较直剪试验和三轴试验中土样的应力状态有什么不同？
2. 简述三轴试验的优缺点。
3. 三轴压缩试验有哪 3 种实验方法？无侧限抗压强度试验相当于哪一种？
4. 三轴压缩试验能得到哪些试验指标？

5.2　无侧限抗压强度试验

5.2.1　试验目的

一般用于测定饱和软黏土的无侧限抗压强度及灵敏度。

5.2.2 试验原理

无侧限抗压强度是试样在无侧向压力条件下抵抗轴向压力的极限强度。无侧限抗压试验是三轴压缩试验的一个特例，将试样置于不受侧向限制的条件下进行的强度试验，此时试样小主应力为零，而大主应力的极限值为无侧限抗压强度。即周围压力 $\sigma_3=0$ 的三轴试验。由于试样侧面不受限制，这样求得的抗剪强度值比常规三轴不排水抗剪强度值略小。

5.2.3 试验设备

(1) 应变控制式无侧限压缩仪：如图 5.11 所示。

(2) 其他：量表、切土盘、重塑筒等。

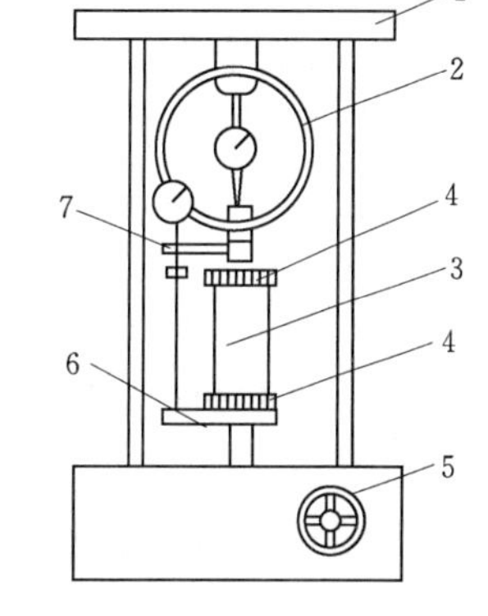

图 5.11 应变控制式无侧限压缩仪示意图

1—轴向加压架；2—轴向测力计；3—试样；4—上、下传压板；5—手轮或电动转轮；6—升降板；7—轴向位移计

5.2.4 试验步骤

(1) 试样制备：按三轴试验中原状试样制备进行。试样直径可采用 3.5～4.0cm，试样高度与直径之比按土样的软硬情况采用 2.0～2.5。

(2) 安装试样：将试样两端抹一层凡士林，在气候干燥时，试样周围亦需抹一层薄凡士林，防止水分蒸发。将试样放在底座上，转动手轮，使底座缓慢上升，试样与传压板刚好接触，将测力计调零。

(3) 测记读数：每分钟轴向应变为 1%～3%的速度转动手轮，使升降设备上升而进行试验。每隔一定应变，测记测力计读数，试验宜在 8～10min 内完成。当测力计读数出现峰值时，停止试验，当读数无峰值时，试验进行到应变达 20%为止。

(4) 重塑试验：当需要测定灵敏度时，应立即将破坏后的试样除去涂有凡士林的表面，加少许余土，包于塑料薄膜内用手搓捏，破坏其结构，放入重塑筒内，用金属垫板，将试样塑成与原状土样相同，然后按上述步骤进行试验。

5.2.5 数据记录与成果整理

1. 数据记录

无侧限抗压强度试验记录见表 5.4。

表 5.4　　无侧限抗压强度试验记录表

试样编号__________　试样描述__________　试验日期__________

试验前试样高度 $h_0=$ 　cm　试验前试样直径 $D_0=$ 　cm　试验前试样面积 $A_0=$ 　cm^2

量力环率定系数 $C=$ 　N/0.01mm（或 N/mV）　试样质量 $m=$ 　g　试样密度 $\rho=$ 　g/cm^3

试验者__________　计算者__________　校核者__________

试样情况	量力环量表读数 R /0.01mm	轴向变形 Δh /0.01mm	轴向应变 ε_1 /%	校正后面积 A_a /cm^2	轴向荷载 P /N	轴向应力 σ /kPa	灵敏度
	(1)	(2)	(3)	(4)	(5)=(1)×C	(6)=(5)/(4)×10	$S_t=\frac{q_u}{q_u'}$
原状土							
重塑土							

2. 成果整理

(1) 根据式 (5.6) 计算轴向应变。

$$\varepsilon_1=\frac{\Delta h}{h_0} \tag{5.6}$$

式中　ε_1——轴向应变，%；

h_0——试样初始高度，cm；

Δh——轴向变形，cm。

(2) 根据式 (5.7) 计算试样平均断面面积。

$$A_a=\frac{A_0}{1-0.01\varepsilon_1} \tag{5.7}$$

式中　A_a——校正后试样面积，cm^2；

A_0——试样初始面积，cm^2；

其余符号意义同上。

(3) 根据式 (5.8) 计算试样所受的轴向应力。

$$\sigma=\frac{CR}{A_a}\times 10 \tag{5.8}$$

式中　σ——轴向应力，kPa；

C——量力环率定系数，N/0.01mm；

R——量力环量表读数，0.01mm；

10——单位换算系数；

其余符号意义同上。

(4) 根据式 (5.9) 计算灵敏度。

$$S_t=\frac{q_u}{q_u'} \tag{5.9}$$

式中　S_t——灵敏度；

q_u——原状试样的无侧限抗压强度，kPa；

q_u'——重塑试样的无侧限抗压强度，kPa。

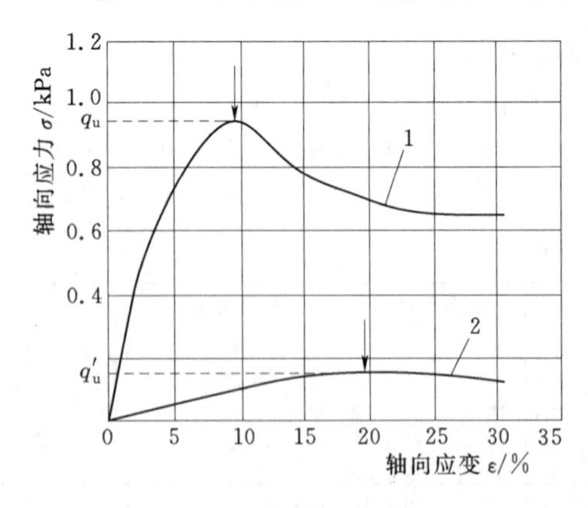

图 5.12　轴向应力与轴向应变关系曲线

1—原状试样；2—重塑试样

5.2.6　绘制 σ-ε 关系曲线

以轴向应变 ε 为横坐标，以轴向应力 σ 为纵坐标，取曲线上最大轴向应力作为无侧限抗压强度，如图 5.12 所示。

5.2.7　试验注意事项

(1) 测定无侧限抗压强度时，要求在试验过程中含水率保持不变。

(2) 在试验中如果不具有峰值及稳定值，选取破坏值时按应变 15%所对应的轴向应力为抗压强度。

(3) 需要测定灵敏度，重塑试样的试验应立即进行。

5.3 无黏性土休止角试验

5.3.1 试验目的

测定无黏性土在全干或全湿状态下的休止角，适用于不含黏粒或粉粒的纯砂土。

5.3.2 试验原理

休止角是无黏性土在松散状态堆积时，其天然坡面和水平面所形成的最大坡角。其数值接近于疏松土样的内摩擦角。

5.3.3 试验设备

休止角测定仪：圆盘直径为 10cm（适用于粒径小于 2mm 的无黏性土）及 20cm（适用于粒径小于 5mm 的无黏性土），如图 5.13 所示。

附属设备：勺、水槽等。

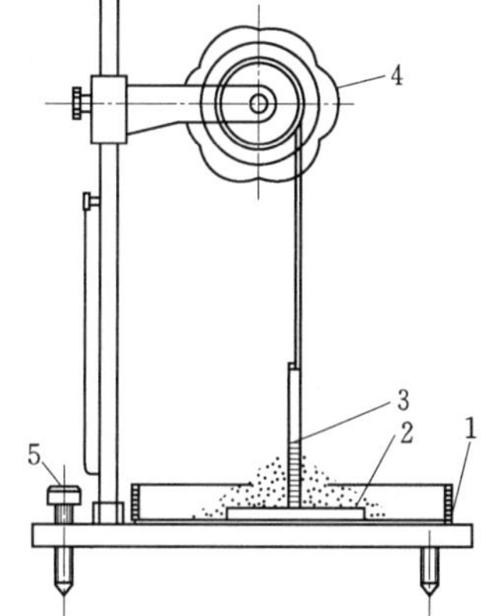

图 5.13 休止角测定仪

1—底盘；2—周盘；3—铁杆；4—制动器；5—水平螺丝

5.3.4 试验步骤

（1）制备土样：取代表性的充分风干试样若干千克。并选择相应的圆盘。

（2）开始试验：转动制动盘，使圆盘落在底盘中。用勺小心地沿铁杆四周倾倒试样，小勺离试样表面的高度应始终保持在 1cm 左右，直至圆盘外缘完全盖满为止。

（3）测记读数：慢慢转动制动盘，使圆盘平稳升起，直至离开底盘内的试样为止。读记锥顶与铁杆接触处的刻度（$\tan\alpha_c$）。如果测定水下状态的天然坡角，则将盛满试样的圆盘慢慢地沉入水槽中，水槽内水面应达铁杆的“0”刻度处，当锥体全部淹没水中后，即停止下降，待其充分饱和，直至无气泡上升为止。然后慢慢转动制动器，使圆盘升起，当锥体露出水面时，测记锥顶与铁杆接触处的刻度（$\tan\alpha_m$）。

（4）查表求值：将测得的 $\tan\alpha_c$ 和 $\tan\alpha_m$ 值，在三角函数表中查取休止角。

（5）试验需进行 2 次平行测定，取其算术平均值，以整数（°）表示。

5.3.5 数据记录与成果整理

1. 数据记录

无黏性土休止角试验记录表见表 5.5。

表 5.5　无黏性土休止角试验记录表

试样编号__________　试样说明__________　试验日期__________

试验者__________　计算者__________　校核者__________

土样编号	风干状态休止角			水下状态休止角		
	读数		平均值	读数		平均值
	$\tan\alpha_c$	(°)	(°)	$\tan\alpha_m$	(°)	(°)

2. 成果整理

根据式（5.10）计算休止角 α_0

$$\tan\alpha_0=\frac{2h}{d} \tag{5.10}$$

式中 h——试样堆积圆锥高度，cm；

d——圆锥底面直径，cm。

5.3.6 试验注意事项

（1）必须取干砂做试验。

（2）需进行2次平行测定，取其算术平均值，以整数（°）表示。

第6章　土样制备和饱和

6.1　概　　述

土样是指在试验前制备土试样必须经过的预备程序，特别对扰动土而言，制备程序包括对土的风干、碾散、过筛、匀土、分样和储存等预备工序。而土样制备程序应视所做试验的需要来制定，且一定制备足够数量的代表性土样，分别装入保温缸或塑料袋内供制备土试样之用，并标上标签（写明工程名称、土样编号、过筛孔径、用途、制备日期等），因此土样制备前必须事先编制土工试验计划书。而对密封的原状土样一定小心搬运和妥善存放，同时注意在制备土试样之前尽量不要开启。若试验前需进行土样鉴别和分类必须开启时，则在检验后，应迅速妥善封好储藏，尽量使土样少受扰动。土试样是指在试验开始前根据工程和设计的要求，将扰动土样或原状土样制备成试验所需的试样的制备程序，以便进行土的湿化、膨胀、渗透、压缩及剪切等试验之用。试样的数量应视所做试验项目而定，且制作备用试样1～2个。

6.2　土样制备和饱和常用仪器设备

（1）细筛：孔径5mm、2mm、0.5mm。

（2）洗筛：孔径0.075mm。

（3）台秤：称量10～40kg，分度值5g。

（4）天平：称量1000g，分度值0.1g；称量200g，分度值0.01g。

（5）碎土器：磨土机。

（6）击样器：包括定位环、导杆、击锤、击样筒、环刀、底座等，如图6.1所示。

（7）抽气设备（附真空表和真空缸）。

（8）饱和器（附金属或玻璃的真空缸）。

（9）压样器，如图6.2所示。

（10）其他设备：烘箱、干燥器、保湿器、研钵、木槌、木碾、橡皮板、玻璃瓶、玻璃缸、修土刀、钢丝锯、凡士林、土样标签以及其他盛土器等。

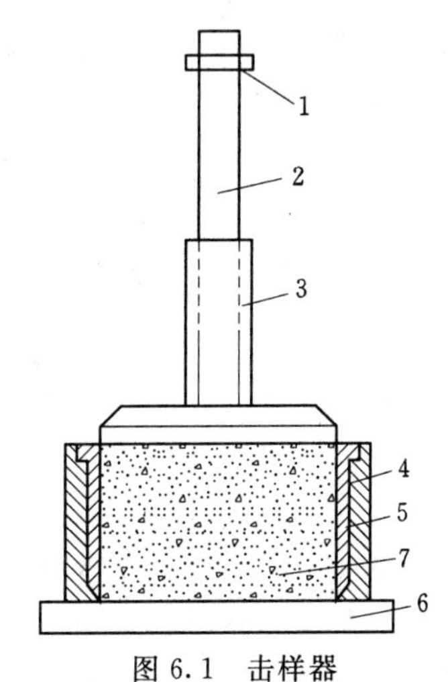

图6.1　击样器

1—定位环；2—导杆；3—击锤；4—击样筒；5—环刀；6—底座；7—试样

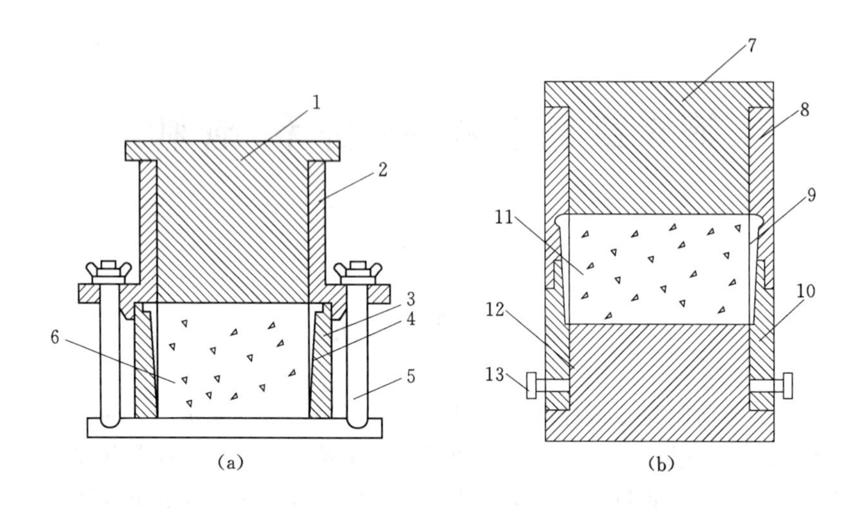

图 6.2　压样器

（a）单向；（b）双向

1—活塞；2—导筒；3—护环；4—环刀；5—拉杆；6—试样；7—上活塞；8—上导筒；9—环刀；10—下导筒；11—下活塞；12—试样；13—销钉

6.3　试样的制备

6.3.1　原状土试样的制备

（1）小心开启原状土样包装，并辨别土样上下及层次，把土样两端整平。无特殊要求时，切土方向与天然层次垂直。

（2）根据试验要求用环刀切取试样时，在环刀内壁涂一薄层凡士林，刃口向下放在土样上。用削土刀将土样削成稍大于环刀直径的土柱。然后将环刀垂直下压，并用削土刀沿环刀外侧切削土样，边压边削直至土样伸出环刀 1mm 左右为止。据试样的软硬程度，采用钢丝锯或削土刀整平环刀两端试样，擦净环刀外壁，称环刀和试样的总质量，准确至 0.1g。切取试样时，试样与环刀要密合，同一组试样的密度差值不宜大于 0.03g/cm^3，含水率差值不宜大于 2%。

（3）用环刀切取试样时，要防止扰动，否则会影响测试结果。根据试样本身及工程要求，决定试样是否进行饱和，如不立即进行试验和饱和时，将试样暂存于保湿缸内。

（4）切削试样时，应对土样的层次、气味、颜色、夹杂物、裂缝和均匀性进行简要描述，对低塑性和高灵敏度的软土，制备土试样时防止扰动。

（5）从余土中取代表性试样测定含水率。比重、颗粒分析、界限含水率等试验的取样按如下要求进行：对均质及含有机质的土样，宜采用天然含水率状态下的代表性土样，供颗粒分析、界限含水率试验用。对非均质土应根据试验项目取足够数量的土样，置于通风处晾干至可碾散为止。对砂土和进行比重试验的土样宜在 105～110℃温度下烘干，对有机质含量超过 5%的土、含石膏和硫酸盐的土，应在 65～70℃温度下烘干。

（6）当确定土样结构已受扰动或取土质量不符合规定时，不应制备力学性质试验的试样。

(7) 切取试样后剩余的原状土样，应用蜡纸包好置于保湿器内，以备补做试验之用。切削的余土用作物理性质试验。

6.3.2 扰动土试样的制备

6.3.2.1 扰动土样制备预备程序

1. 细粒土样预备程序

(1) 将扰动土样进行简要描述，如土类、颜色、气味及夹杂物等。如有需要，可将扰动土充分拌匀，取代表性土样测定其含水率。

(2) 将块状扰动土放在橡皮板上用木碾或利用碎土器碾散（勿压碎颗粒）。若含水率较大时，可先将扰动土样风干至易碾散为止。

(3) 根据试验所需土样数量，将碾散后的土样过筛。首先进行物理状态指标试验，如液限、塑限、缩限等试验，土样需过 0.5mm 筛；然后进行物理性质及力学性质指标试验，土样需过 2mm 筛；注意击实试验时，土样需过 5mm 筛。过筛后用四分对角取样法或分砂器，取出足够数量的代表性土样，分别装入玻璃缸内，标上标签（标签上应写明工程名称、土样编号、过筛孔径、用途、制备日期和试验人员等），以备各项试验时选用。对风干土，需测定风干含水率。

(4) 制备一定含水率的土样时，取过 2mm 筛的足够试验用的风干土 1～5kg，平铺在不吸水的盘内，根据式 (6.2) 计算所需的加水量，用喷雾器喷洒预计的加水量，静置一段时间，然后装入玻璃缸内盖紧，湿润一昼夜备用（砂性土湿润时间可酌情减短）。

(5) 测定湿润土样不同位置的含水率（至少 2 个以上），要求差值应在－1%～1%。

(6) 对不同土层的土样制备混合土样时，应根据各土层厚度按加权计算相应的土样配合质量，然后按步骤 (2) ～ (4) 进行扰动土的预备工作。

2. 粗粒土样预备程序

(1) 对砂土及砂砾土，按细粒土样预备程序步骤 (3) 的四分法或分砂器细分土样，然后取足够试验用的代表性土样供作颗粒分析试验用，其余过 5mm 筛。筛上和筛下土样分别储存，供作比重及最大和最小孔隙比等试验用。取一部分过 2mm 筛的土样供力学性质试验用。

(2) 如有部分黏土依附在砂砾石上面，则先用水浸泡，将浸泡过的土样在 2mm 筛上冲洗，取筛上及筛下代表性的土样供颗粒分析试验用。

(3) 将冲洗下来的土浆风干至易碾散为止，再按细粒土样预备程序步骤 (2) ～ (4) 进行粗粒土扰动土的预备工作。

6.3.2.2 扰动土试样制备

1. 一般要求

根据工程和设计的要求，将扰动土制备成所需的试样供进行湿化、膨胀、渗透、压缩及剪切等试验之用。试样制备的数量视试验需要而定，一般应多制备 1～2 个备用。制备试样密度、含水率与制备标准之差值应分别在 $\pm 0.02 g/cm^3$ 与 ±1% 范围以内，平行试验或一组内各试样间之差值分别要求在 $0.02 g/cm^3$ 和 1% 以内。

2. 扰动土试样的制备方法

扰动土试样的制备，应视工程实际情况，分别采用不同的方法，常用的方法有击样法、击实法和压样法等，分述如下。

（1）击样法。依据环刀的容积及所要求的干密度、含水率，可按式（6.1）、式（6.2）计算的干土用量及所加水量，制备湿土样；然后将湿土倒入预先装好的环刀内，并固定在底板上的击实器内，用击实方法将土击入环刀内；取出环刀，称环刀、土总量，并符合扰动土试样制备一般要求即可。

（2）击实法。依据试样所要求的干密度，含水率，可按式（6.1）、式（6.2）计算的干土用量及所加水量，制备湿土样；用 SL 237—011—1999《击实试验》击实程序，将土样击实到所需的密度，用推土器推出；将试验用的切土环刀内壁涂一薄层凡士林，刃口向下，放在土样上，用切土刀将土样切削成稍大于环刀直径的土柱，然后将环刀垂直向下压，边压边削，至土样伸出环刀为止，削去两端余土并修平，擦净环刀外壁，称环刀、土总量，准确至0.1g，并测定环刀两端削下土样的含水率；试样制备应尽量迅速操作，或在保湿间内进行。

（3）压样法。依据试样所要求的干密度，含水率，可按式（6.1）、式（6.2）计算的干土用量及所加水量，制备湿土样；然后将湿土倒入预先装好环刀的压样器内，拂平土样表面，以静压力将土压入环刀内；取出环刀，称环刀、土总量，并符合扰动土试样制备一般要求即可。

3. 扰动土试样的备样步骤

（1）将土样从土样筒或包装袋中取出，对土样的土类、颜色、气味、夹杂物及均匀程度进行描述，并将土样切成碎块，拌和均匀，取代表性土样测定含水率。

（2）对均质和含有机质的土样，宜采用天然含水率状态下代表性土样，供颗粒分析、界限含水率试验用。对非均质土应根据试验项目取足够数量的土样，置于通风处晾干至可碾散为止。对砂土和进行比重试验的土样宜在105～110℃温度下烘干，对有机质含量超过5%的土、含石膏和硫酸盐的土，应在65～70℃温度下烘干。

（3）将风干或烘干的土样放在橡皮板上用木碾碾散，对不含砂和砾的土样，可用碎土器碾散（碎土器不得将土粒破碎）。

（4）对分散后的粗粒土和细粒土，应按表6.1的要求过筛。对含细粒土的砾质土，应先用水浸泡并充分搅拌，使粗细颗粒分离后按不同试验项目的要求进行过筛。

表6.1　试验取样数量和过土筛标准

土样数量 / 土类 / 试验项目	黏土		砂土		过筛标准/mm
	原状土（筒）ϕ10cm×20cm	扰动土/g	原状土（筒）ϕ10cm×20cm	扰动土/g	
含水率		800		500	
比重		800		500	
颗粒分析		800		500	
界限含水率		500			0.5

续表

试验项目 \ 土样数量 \ 土类	黏土		砂土		过筛标准/mm
	原状土（筒）ϕ10cm×20cm	扰动土/g	原状土（筒）ϕ10cm×20cm	扰动土/g	
密度	1		1		
固结	1	2000			2.0
黄土湿限	1				
三轴压缩	2	5000		5000	2.0
膨胀、收缩	2	2000		8000	2.0
直接剪切	1	2000			2.0
击实承载比		轻型>15000 重型>30000			5.0
无侧限抗压强度	1				
反复直剪	1	2000			2.0
相对密度				2000	
渗透	1	1000		2000	2.0
化学分析		300			2.0
离心含水当量		300			0.5

4. 扰动土试样的制作步骤

（1）试样的数量视试验项目而定，应有备用试样1～2个。

（2）将碾散的风干土样通过孔径2mm或5mm的筛，取筛下足够试验用的土样，充分拌匀，测定风干含水率，装入保湿缸或塑料袋内备用。

（3）根据试验所需的土量与含水率，根据式（6.2）计算制备试样所需的加水量。

（4）称取过筛的风干土样平铺于搪瓷盘内，将水均匀喷洒于土样上，充分拌匀后装入盛土容器内盖紧，湿润一昼夜，砂土的湿润时间可酌情减短。

（5）测定湿润土样不同位置处的含水率，不应少于两点，含水率差值应符合以下规定：根据力学性质试验项目要求，原状土样同一组试样间密度的允许差值为0.02g/cm^3；扰动土样同一组试样的密度与要求的密度之差应在－0.01～0.01g/cm^3，一组试样的含水率与要求的含水率之差应在－1%～1%。

（6）根据环刀容积及所需的干密度，根据式（6.3）计算制备土试样所需的湿土量。

（7）扰动土制样可采用击样法和压样法。其中，击样法是将根据环刀容积和要求干密度所需质量的湿土倒入装有环刀的击样器内，击实到所需密度。压样法是将根据环刀容积和要求干密度所需质量的湿土倒入装有环刀的压样器内，以静压力通过活塞将土样压紧到所需密度。

（8）取出带有试样的环刀，称环刀和试样总质量，对不需要饱和且不立即进行试验的试样，应存放在保温器内备用。

6.4 试 样 饱 和

土的孔隙逐渐被水填充的过程称为饱和，当孔隙全部被水充满时的土，称为饱和土。

试样的饱和方法视土的性质选用浸水饱和法、毛管饱和法及真空抽气饱和法等。对于砂土，可直接在仪器内浸水饱和；较易透水的黏性土，渗透系数大于 10^{-4}cm/s 时，采用毛管饱和法较为方便；不易透水的黏性土，渗透系数小于 10^{-4}cm/s 时，采用真空饱和法。如土的结构性较弱，抽气可能发生扰动，不宜采用真空饱和法。另外，饱和度的大小对渗透试验、固结试验和剪切试验的成果均有影响。对于不测孔隙压力的试验，一般饱和度大于 95%即认为饱和。需要测定孔隙压力参数的试验，对饱和度的要求较高，应在 99%以上，宜采用二氧化碳或反压力饱和方法。下面就几种饱和方法分别描述如下。

6.4.1　毛管饱和法

（1）选用框式饱和器，如图 6.3 所示。在装有试样的环刀两面贴放滤纸，再放两块大于环刀的透水板于滤纸上，通过框架两端的螺丝将透水板、环刀夹紧。

（2）将装好试样的饱和器放入水箱中，注清水入箱，水面不宜将试样淹没，使土中气体得以排出。

（3）关上箱盖，防止水分蒸发，借土的毛细管作用使试样饱和，一般需 3 天左右。

（4）试样饱和后，取出饱和器，松开螺丝，取出环刀，擦干外壁，吸去表面积水，取下试样上下滤纸，称环刀、土总质量，准确至 0.1g，根据式（6.5）计算饱和度。

（5）如饱和度小于 95%时，将环刀再装入饱和器，浸入水中延长饱和时间。

6.4.2　真空抽气饱和法

（1）选用重叠式饱和器，如图 6.4 所示，或框式饱和器。在重叠式饱和器下板正中放置稍大于环刀直径的透水板和滤纸，将装有试样的环刀放在滤纸上，试样上再放一张滤纸和一块透水板，以这样顺序重复，由下向上重叠至拉杆的长度，将饱和器上夹板放在最上

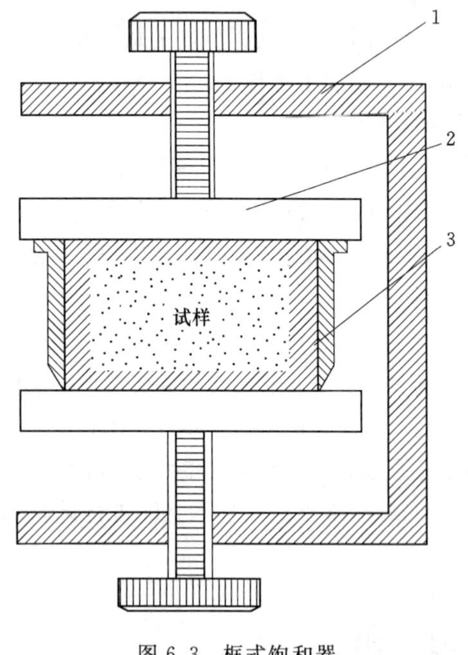

图 6.3　框式饱和器
1—框架；2—透水板；3—环刀

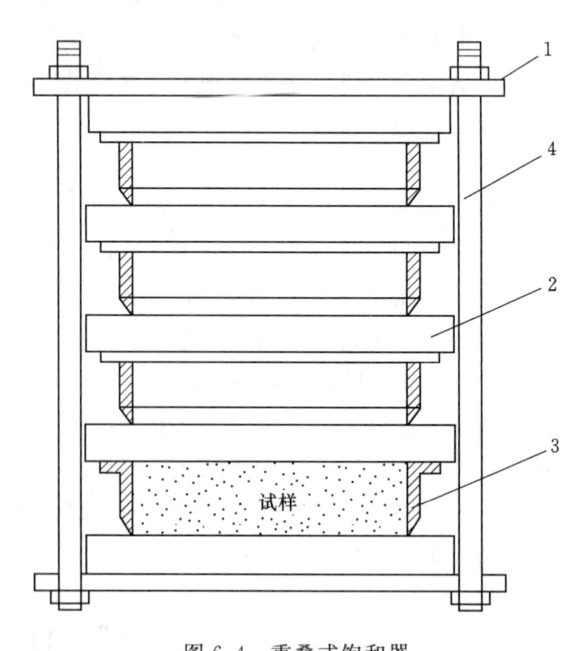

图 6.4　重叠式饱和器
1—夹板；2—透水板；3—环刀；4—拉杆

部的透水板上，旋紧拉杆上端的螺丝，将各个环刀在上下夹板间夹紧。

(2) 将装好试样的饱和器放入真空缸内，如图 6.5 所示，盖上缸盖。盖缝内应涂一薄层凡士林，以防漏气。

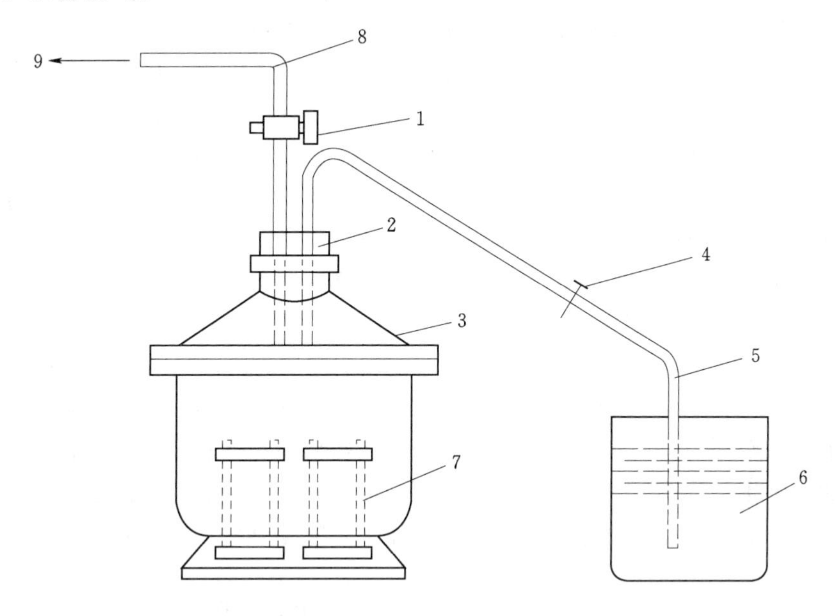

图 6.5 真空饱和装置

1—二通阀；2—橡皮塞；3—真空缸；4—管夹；5—引水管；6—水缸；7—饱和器；8—排气管；9—接抽气机

(3) 关管夹、开二通阀，将抽气机与真空缸接通，开动抽气机抽除缸内及土中气体，当真空表达到约 1 个大气负压力值后，继续抽气，黏质土约 1h、粉质土约 0.5h 后，稍微开启管夹，使清水由引水管徐徐注入真空缸内。在注水过程中，应调节管夹，使真空表上的数值基本保持不变。

(4) 待饱和器完全淹没水中后，即停止抽气，将引水管自水缸中提出，开管夹令空气进入真空缸内，静置一定时间，借大气压力使试样饱和。

(5) 试样饱和后，取出饱和器，松开螺丝，取出环刀，擦干外壁吸去表面积水，取下试样上下滤纸，称环刀、土总质量，准确至 0.1g，根据式 (6.5) 计算饱和度。

6.4.3 二氧化碳饱和法

二氧化碳饱和法是近些年来发展起来的一种方法。该方法适用于无黏性的松砂、紧砂及密度低的粉土。因为二氧化碳比空气重且易溶于水，一旦从试样底部注入二氧化碳后，试样孔隙中的空气就会逐渐被从试样顶端排出。由于二氧化碳是气体，用一种气体驱赶另一种气体，不会出现气泡阻滞现象。又因为二氧化碳在水中的溶解度比空气大得多（一个大气压力下 0℃时，$1cm^3$ 水可溶解空气 $0.029cm^3$，可溶解二氧化碳 $1.71cm^3$），所以，当试样孔隙充满二氧化碳后，用水头饱和法饱和时，试样孔隙中的二氧化碳气泡很快溶于水成碳酸，继续水头饱和时，成为一种液体（水）驱赶另一种液体（稀碳酸）过程，最后使试样孔隙中充满纯净水，以便达到土样饱和的目的。

6.4.4　反压力饱和法

对试样施加反压力达到使试样饱和也是一种常用的饱和方法。反压力饱和就是人为地在试样内增加孔隙水压力，使试样内的孔隙气体在压力作用下完全溶解于水中，在增大孔隙水压力的同时，等量地对试样增加周围压力，以保证作用于试样的有效压力或试样的内外应力差不变。这个在孔隙水和压力室液体中同时作用的力即为反压力。对试样施加反压力的大小与其起始饱和度有关，当起始饱和度过较低时，即使施加很大的反压力，也不一定能使试样饱和。因此，当试样起始饱和度较低时，应先进行抽气饱和，然后再施加反压力，便于使试样完全饱和。同时注意，施加反压力不能太快，而且施加反压力过程中要允许试样的含水率有足够的时间调整，而保持试样体积不变。只有在含水率增加的情况下达到饱和，才对土的骨架结构没有影响。为了防止试样膨胀而影响结构性，产生附加的有效应力。因此，在施加反压过程中始终保持周围压力略大于反压力，一般应保持差值为20kPa左右。反压力必须分级施加，并相应地施加周围压力，尽量减少对试样的扰动。每级反压力的大小与其起始饱和度和密度有关。在每一级压力下必须等待孔隙水压力稳定后，再施加下一级压力。而且下一级压力施加前，需要检查饱和度，检查方法是保持反压力不变，而单独增加周围压力，观测孔隙水压力的增长情况，若两者的增量相等，则证明试样已经完全饱和；否则，继续施加下一级压压力，直至试样完全饱和为止。

6.5　试验记录与成果整理

6.5.1　试验记录

（1）原状土开土记录表见表6.2。

表6.2　　原状土开土记录表

工程名称__________　进室日期：____年____月____日　开土日期：____年____月____日

记录者__________　校核者______________

试样编号		取土高程	取土深度/m	颜色	气味	结构	夹杂物	包装与扰动情况	其他
室内	野外								

（2）扰动土试样制备记录表见表6.3。

表6.3　　扰动土试样制备记录表

试样编号______　试样描述______　制备日期______　制备者______　计算者______　校核者______

土样编号	制备标准		所需土质量及增加水量的计算						试样制备							与制备标准之差		备注
	干密度 ρ_d /(g/cm^3)	含水率 w' /%	环刀或计算的击实筒容积 V /cm^3	干土质量 m_d /g	含水率 w_0 /%	湿土质量 m /g	增加的水量 Δm_w /g	所需土质量/g	制备方法	环刀质量/g	环刀+湿土质量/g	湿土质量/g	密度 ρ /(g/cm^3)	含水率 w /%	干密度 ρ_d /(g/cm^3)	干密度/(g/cm^3)	含水率 w /%	

6.5.2　成果整理

（1）根据式（6.1）计算干土质量。

$$m_d=\frac{m}{1+0.01w_0} \tag{6.1}$$

式中　m_d——干土质量，g；

m——风干土质量（或天然湿土质量），g；

w_0——风干含水率（或天然含水率），%。

（2）根据试样所要求的含水率，按式（6.2）计算所需的加水量。

$$m_w=\frac{m}{1+0.01w_0}\times 0.01(w'-w_0) \tag{6.2}$$

式中　m_w——土样所需的加水量，g；

m——风干含水率时的土样质量，g；

w_0——风干含水率，%；

w'——土样要求的含水率，%。

（3）根据式（6.3）计算制备扰动土试样所需总土质量。

$$m=(1+0.01w_0)\rho_d V \tag{6.3}$$

式中　m——制备试样所需总土质量，g；

ρ_d——制备试样所要求的干密度，g/cm^3；

V——计算出击实土样体积或压样器所用环刀容积，cm^3；

w_0——风干含水率，%。

（4）根据式（6.4）计算制备扰动土样应增加的水量。

$$\Delta m_w=0.01(w'-w_0)\rho_d V \tag{6.4}$$

式中　Δm_w——制备扰动土样应增加的水量，g；

其余符号意义同上。

（5）根据式（6.5）计算试样饱和度。

$$\left.\begin{aligned} S_r&=\frac{(\rho-\rho_d)G_s}{\rho_d e}\\ S_r&=\frac{wG_s}{e}\end{aligned}\right\} \tag{6.5}$$

式中　S_r——试样的饱和度，%；

w——试样饱和后的含水率，%；

ρ——试样饱和后的密度，g/cm^3；

G_s——土粒比重；

e——试样的孔隙比；

ρ_d——试样的干密度，g/cm^3。

6.6　土　的　描　述

在现场采样和试验室开启土样时，应按下述内容描述土的状态。

6.6.1　粗粒土

土的名称及当地名称；土颗粒的最大粒径；估计巨粒、砾粒、砂粒组的含量百分数；土颗粒形状（圆、次圆、棱角或次棱角）；土颗粒矿物成分；土的颜色和有机物含量；细粒土成分（黏土或粉土）；密实度；均匀程度。

如：粉质砂土，含砾约 20%，最大粒径约 10mm，砾坚，带棱角；砂粒由粗到细，粒圆；含约 15%的无塑性粉质土，干强度低，密实，天然状态潮湿，系冲积砂（SM）。

6.6.2　细粒土

土的名称及当地名称；土粒的最大粒径；估计粗粒组的含量百分数；潮湿时颜色、气味及有机质含量；土的湿度（干、湿、很湿或饱和）；土的状态（流动、软塑、可塑或硬塑）；土的塑性（高、中或低）。同时原状土样还需描述层次、结构与层理特征、有无杂质、土质是否均匀、有无裂缝等。

如：黏质粉土，棕色，微有塑性，含少量细砂，有无数垂直根孔，天然状态坚实，系黄土（CLY）。

参 考 文 献

［1］ 中华人民共和国水利部. SL 237—1999 土工试验规程［S］. 北京：中国水利水电出版社，1999.
［2］ 中华人民共和国国家标准. GB/T 50123—1999 土工试验方法标准［S］. 北京：中国计划出版社，1999.
［3］ 中华人民共和国水利部. JTJ 051—93 土工试验规程［S］. 北京：中国水利水电出版社，1999.
［4］ 中华人民共和国建设部，国家质量监督检验检疫总局. GB 50007—2002 建筑地基基础设计规范［S］. 北京：中国计划出版社，2002.
［5］ 杨进良. 土力学［M］. 4 版. 北京：中国水利水电出版社，2009.
［6］ 陈希哲. 土力学地基基础［M］. 北京：清华大学出版社，1998.
［7］ 孙红月. 土力学实验指导［M］. 北京：中国水利水电出版社，2010.
［8］ 孙秉慧. 土工试验教程［M］. 郑州：黄河水利出版社，2008.
［9］ 黄文熙. 土的工程性质［M］. 北京：水利电力出版社，1986.
［10］ 天津大学. 土力学与地基［M］. 北京：人民交通出版社，1986.
［11］ 南京水利科学研究院. 土工试验技术手册［S］. 北京：人民交通出版社，2003.
［12］ GB/T 50145—2007 土的工程分类标准［S］. 北京：中国计划出版社，2008.
［13］ 河海大学. 土工原理与计算［M］. 北京：中国水利水电出版社，1996.
［14］ 武汉大学水利电力学院. 土力学及岩石力学［M］. 北京：水利电力出版社，1979.